# Bienen, Wespen, Ameisen

KOSMOS NATUR FÜHRER

J. Zahradník

# Bienen, Wespen, Ameisen

## Die Hautflügler Mitteleuropas

Kosmos
Gesellschaft der Naturfreunde
Franckh'sche Verlagshandlung
Stuttgart

Text von Doz. Dr. Jiří Zahradník
Aus dem Tschechischen übertragen von Jürgen Ostmeyer
Mit 144 Farbfotos von Jiří Zahradník, Ladislav Havel, Jan Vaněk und Vladimír Pokorný
124 Farbillustrationen von František Severa
37 Federzeichnungen von František Severa und Jiří Zahradník
Graphische Gestaltung von Stanislav Seifert

Umschlaggestaltung von Edgar Dambacher unter Verwendung einer Farbzeichnung von Marianne Golte-Bechtle

CIP-Kurztitelaufnahme der Deutschen Bibliothek

**Zahradník, Jiří:**
Bienen, Wespen, Ameisen : d. Hautflügler Mitteleuropas / J. Zahradnik. [Aus d. Tschech. übertr. von Jürgen Ostmeyer]. – Stuttgart : Franckh, 1985. –
(Kosmos-Naturführer)
Aus d. Ms. übers.
ISBN 3-440-05445-4

Franckh'sche Verlagshandlung, W. Keller & Co., Stuttgart / 1985

Printed in Czechoslovakia / Imprimé en Tchécoslovaquie
LH 14 ro / ISBN 3-440-05445-4
Gesamtherstellung: Svoboda, Prag
3/07/16/52-01

# Bienen, Wespen, Ameisen

## Kurze Charakteristik der Ordnung

Die Hautflügler *(Hymenoptera)* sind eine ungeheuer umfangreiche und mannigfaltige Ordnung, gleich, ob es sich um Aussehen, Größe, Färbung oder Lebensweise ihrer Angehörigen handelt. Alle haben ein gemeinsames Merkmal: Die überwiegende Mehrzahl der Arten besitzt zwei Hautflügelpaare. Der wissenschaftliche Name wurde aus den beiden griechischen Worten Hymen (Haut) und Pteron (Flügel) gebildet.

Die Hautflügler sind kleinere oder mittelgroße Insekten, doch gibt es unter ihnen auch ganz winzige, die nur Bruchteile eines Millimeters messen, und auf der anderen Seite rund 40 Millimeter lange Riesen. Zu den größten europäischen Hautflüglern gehören z. B. die Holzwespen *(Siricidae),* Dolchwespen *(Scoliidae),* verschiedene Soziale Faltenwespen *(Vespidae),* einige Schlupfwespen u. a. Zu den kleinsten Hautflüglern gehören die Arten der Familie *Scelionidae,* die mit ihren 0,2 mm Länge zu den kleinsten Insekten überhaupt zählen.

Viele Arten sind unscheinbar gefärbt (z. B. die Bienen), es herrschen verschiedene Braun- und Braunschwarzschattierungen vor. Zahlreiche Arten sind aber auffällig gefärbt. Am bekanntesten ist wohl die Wespenfärbung mit ihrer Kombination aus Schwarz und Gelb. Diese beiden Farben sind aber nicht nur für die Sozialen Faltenwespen charakteristisch, sondern kommen auch bei vielen anderen Gruppen vor, z. B. bei den Dolchwespen *(Scoliidae),* Pillenwespen *(Eumenidae),* Holzwespen *(Siricidae)* und Schlupfwespen *(Ichneumonidae),* sie fehlt auch bei den Erdbienen nicht. Manche Hautflügler glänzen in schönen, klaren Metallfarben. An ihren Körpern wechseln oft metallisch grüne, blaue, feuerrote oder sogar goldene Flächen ab. Goldwespen *(Chrysididae)* und *Torymidae* sowie verschiedene andere parasitische Wespen sind wohl die bekanntesten metallisch gefärbten Hautflügler. Der Körper mancher Hautflügler ist fast oder völlig kahl, bei anderen dagegen mit Härchen besetzt, die Gruppen oder Bänder bilden (Hummeln, Erdbienen u. a.). Sehr viele Arten besitzen auf der Körperoberfläche ganz auffällige und vielfach ziemlich komplizierte Strukturen. Die einfachsten sind Punkte und kleine Körnchen, oft entstehen aber auch feine Furchen, Dorne, Wülste, Kiele und Kombinationen verschiedener Skulpturen.

Der Körper der Hautflügler ist keineswegs einheitlich gebaut. Er ist zwar wie bei den meisten Insekten in Kopf, Brust und Hinterleib unterteilt, doch wird die ganze Ordnung aufgrund der unterschiedlichen Verbindung von Körpervorder- und -hinterpartie in zwei große Gruppen eingeteilt. Die weniger zahlreiche Gruppe enthält Arten, bei denen der Hinterleib in seiner ganzen Breite an die Brust anschließt, sie werden in die Unterordnung Pflanzenwespen *(Symphyta)* eingereiht. Bei der zweiten, wesentlich zahlreicheren Gruppe, der Unterordnung der Taillenwespen *(Apocrita)* sind Körpervorder- und -hinterteil deutlich abgeteilt und oft durch einen Stiel verbunden.

Der Kopf sitzt normalerweise an einem schmalen Hals und ist ziemlich beweglich. Er ist meist abwärts geneigt, senkrecht zur Körperachse, seltener

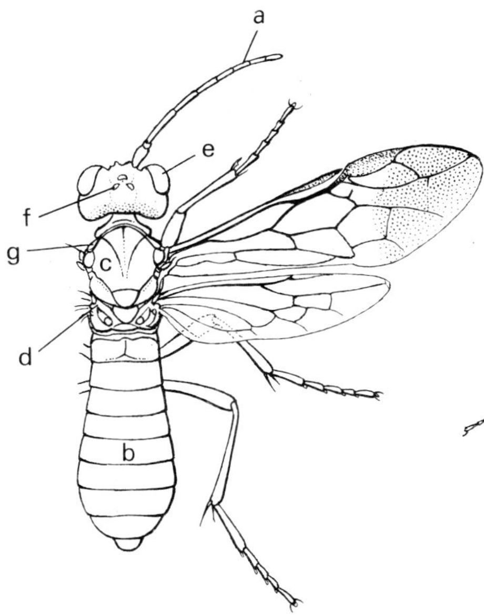


Bild 1. Körperschema der *Symphyta:*
a – Fühler, b – Hinterleib, c – Mesonotum, d – Metanotum, e – Facettenauge, f – Punktauge, g – Pronotum.

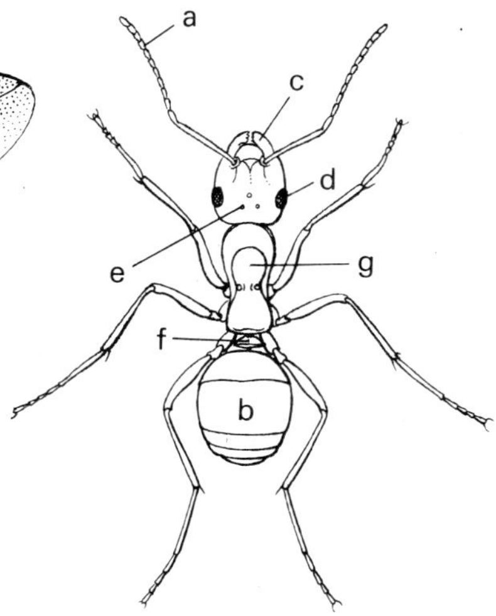


Bild 2. Körperschema von ungeflügelten *Apocrita:* a – Fühler, b – Hinterleib, c – Kiefer, d – Facettenauge, e – Punktauge, f – Stielchen (Schuppe), g – Brust (Körpervorderteil).

weist er nach vorne. Vorn am Kopf sitzt die Oberlippe (Labrum), an die der Stirnschild (Clypeus) anschließt. Auf ihm befinden sich oft wichtige Bestimmungsmerkmale. Über dem Stirnschild sitzt zwischen den Augen die Stirn (Frons), auf sie folgen Scheitel (Vertex) und schließlich Hinterhaupt (Occiput). Hinten am Kopf liegt die Nackenöffnung. Hinter den Augen befinden sich Schläfen (Tempora), die unterhalb der Augen in Wangen (Genae) übergehen. Auf dem Kopf sind Fühler angesetzt, seitlich sitzen zwei große Komplexaugen, auf dem Scheitel befinden sich drei einfache Scheitelaugen, vorn sitzt der Mundapparat.

Die Fühler (Antennae) sind manchmal lang, dünn und fadenförmig, in anderen Fällen aber kurz, stark, gegebenenfalls gekeult. Die Gliederzahl der Fühler ist sehr verschieden. Es herrschen Fühler mit 7–12 (13) Gliedern vor, doch gibt es auch 70gliedrige Fühler oder aber nur dreigliedrige. Das erste Fühlerglied ist normalerweise kräftiger und länger, man nennt es Schaft (Scapus). Auf den Schaft folgt meist ein kleines Glied (Pedicellus), die restlichen bilden die Geißel (Flagellum). Bei vielen Pflanzenwespen (Symphyta) ist das 3. Fühlerglied am längsten. Bei einigen Gruppen (z. B. Familien Chalcididae und Cimbicidae) bilden die Glieder der Fühlerspitze eine Keule. Die Fühler von Männchen und Weibchen unterscheiden sich oft voneinander, ver-

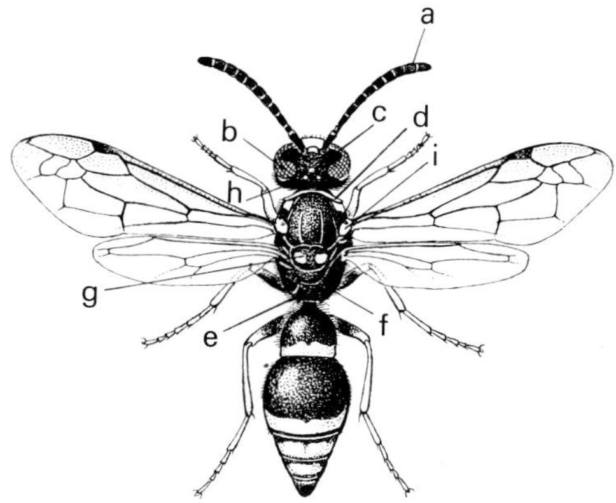


Bild 3. Körperschema von geflügelten *Apocrita:* a – Fühler, b – Facettenauge, c – Punktauge, d – Pronotum, e – Mittelsegment (Propodeum), f – Hinterschildchen, g – Schildchen, h – Schläfe, i – Tegula.

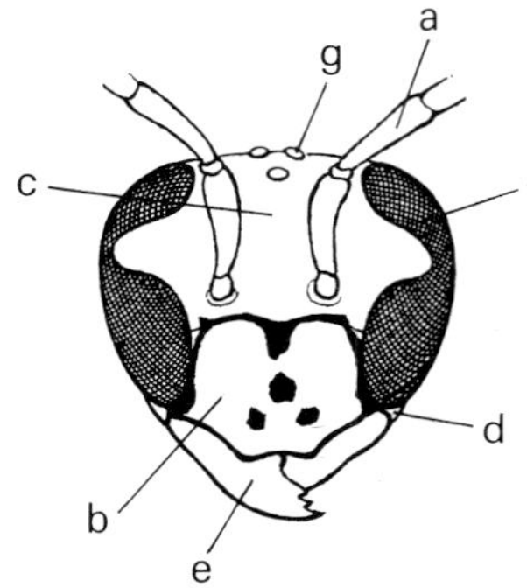


Bild 4. Kopfschema (Wespe): a – Fühler, b – Stirnschild, c – Stirn, d – Wange, e – Kiefer, f – Facettenauge, g – Punktauge.

schieden sind Gliederzahl, -form und -größe, gegebenenfalls auch die Färbung.

Die Komplexaugen sitzen seitlich am Kopf und sind manchmal sehr groß. Sie setzen sich aus Einzelaugen (Ommatidien) zusammen, deren Anzahl verschieden hoch ist, nur selten sind sie nicht vorhanden. Beim Weibchen sitzen die Komplexaugen in der Regel weiter voneinander entfernt, bei den Männchen näher beisammen.

Die drei Scheitelaugen (Stemmata) sitzen in einem Dreieck angeordnet zwischen den Komplexaugen.

Der Mundapparat ist in verschiedenen Formen ausgebildet. Oberkiefer (Mandibulae) sind zwar entwickelt, doch blieb ihre ursprüngliche Beißfunktion nicht immer erhalten. Bei den Weibchen vieler Hautflüglergruppen dienen sie oft anderen Zwecken als dem Zerbeißen von Nahrung. In erster Linie werden sie für den Nestbau gebraucht, eventuell zur Nahrungsaufbereitung beim Füttern der Jungen (Larven), zum Beutefang usw. Da sich die überwiegende Mehrzahl der Hautflügler von Pflanzensäften (sie sind nektarophil) und Pollenkörnern ernähren, sind Teile des Mundapparates umgebildet und zum Lecken bzw. zum Saugen flüssiger Nahrung geeignet. Am vollendetsten ist der saugende Mundapparat bei den Bienen entwickelt, vor allem bei den Arbeiterinnen, die einen langen Saugrüssel mit bewimperter Zunge besitzen.

Die Brust (Thorax) besteht aus drei Abschnitten (Vorderbrust – Prothorax, Mittelbrust – Mesothorax, und Hinterbrust – Metathorax), die nicht immer gut zu sehen sind. Am besten ist die Mittelbrust entwickelt, was mit der Aus-

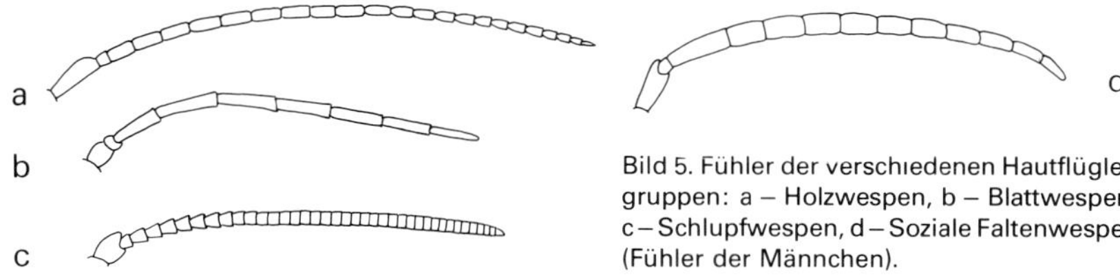


Bild 5. Fühler der verschiedenen Hautflüglergruppen: a – Holzwespen, b – Blattwespen, c – Schlupfwespen, d – Soziale Faltenwespen (Fühler der Männchen).

bildung des Vorderflügelpaares und seiner Muskulatur zusammenhängt. Am deutlichsten sieht man die Brustgliederung bei den Pflanzenwespen *(Symphyta).* Auf der Brust sitzen viele kleine Flächen, die alle ihre Bezeichnung tragen; bei der wissenschaftlichen Bestimmungsarbeit muß man sie kennen. Für unsere Zwecke genügt es, wenn wir uns mit den Grundbegriffen vertraut machen.

Vorne wird zu beiden Brustseiten der Vorderbrustschild (Pronotum) sichtbar. Am stärksten ist der Mittelbrustschild (Mesonotum) ausgebildet, dessen Hinterteil aus dem Schildchen (Scutellum) besteht. Das Schildchen ist oft anders gefärbt. Auf das Schildchen folgt ein Hinterschildchen (Postscu-

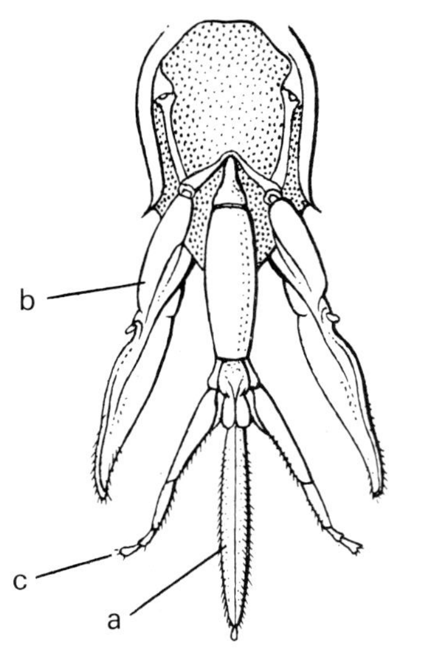


Bild 6. Mundapparat der Biene: a – Zunge (Glossa), b – Unterkiefer (Maxilla), c – Lippentaster (Palpus labialis).

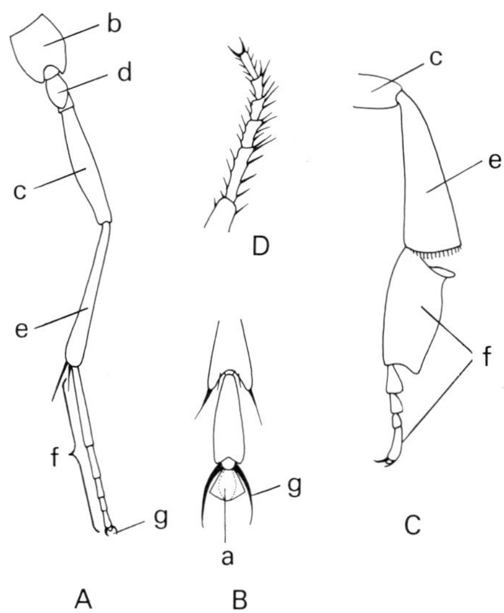


Bild 7. Gliedmaßenschema: A – Gesamtansicht, B – Detail Fußspitze, C – Hinterbeinmodifikation einer Bienenarbeiterin, D – Fuß am Grabbein einer Grabwespe. a – Polster, b – Hüfte, c – Schenkel, d – Schenkelring, e – Schiene, f – Fuß, g – Kralle.

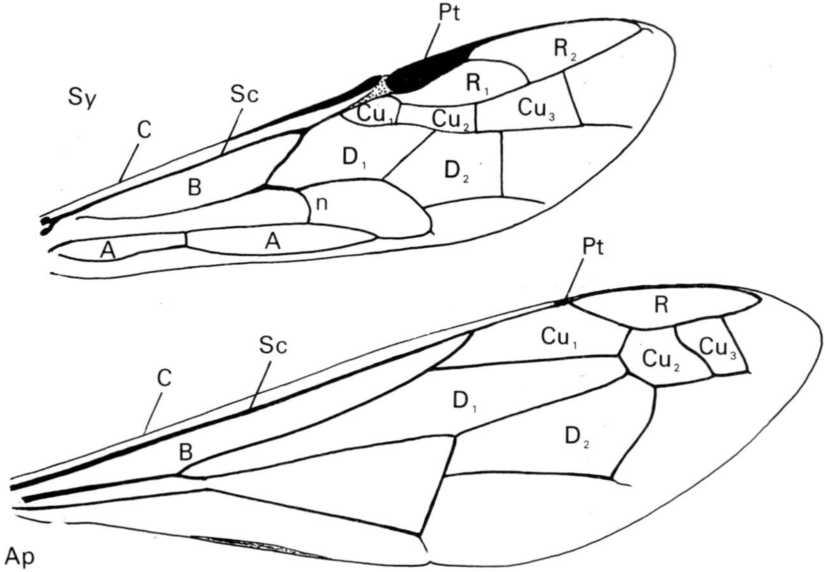


Bild 8. Wichtige Adern und Felder im Vorderflügel bei Vertretern der Unterordnungen *Symphyta* (Sy) und *Apocrita* (Ap): A – Analfeld (Humeralfeld, lanzettförmig), B – Basalfeld, C – Costa, $Cu_1$ $Cu_2$ $Cu_3$ – Cubitusfelder, $D_1$ $D_2$ Mittelfelder (diskoid), n – Nervulus (1. Ellenquerader), Pt – Pterostigma (Flügelmal), $R_1$ $R_2$ – Flügelmalfelder (radial), Sc – Subcosta.

tellum), die mittlere, erhabene Fläche der Hinterbrust (Metanotum). Bei vielen Hautflüglern, wie z. B. bei den Schlupfwespen, ist alles noch viel komplizierter, doch würde das über den Rahmen dieses Buches hinausführen.
An der Brust sind drei Gliedmaßen- und zwei Flügelpaare befestigt. Jedes Brustsegment trägt ein Gliedmaßenpaar, Flügel sitzen nur am zweiten und dritten Segment. Die Gliedmaßen haben den gleichen Bau wie bei anderen Insektenordnungen auch und bestehen aus folgenden Teilen: Hüfte (Coxa), Hüftring (Trochanter), Schenkel (Femur), Schienbein (Tibia) und Fuß (Tarsus). An der Schienbeinspitze findet man 1–2 dornförmige Sporne, bei einigen Pflanzenwespen *(Symphyta)* an der Unterseite vor dem Schienenende noch weitere 1–3 Dorne. Der Fuß ist meist fünfgliedrig, hat aber gelegentlich ein Glied weniger. Das erste Fußglied nennt man Metatarsus, das letzte Prätarsus. Dieser trägt zwei Krallen, zwischen denen ein Arolium genanntes unpaariges Gebilde sitzt.
Gelegentlich kann ein Beinpaar bedingt durch seine Funktion eine etwas andere Ausbildung haben als die restlichen. So dienen z. B. die Vordergliedmaßen als Fühlerreiniger und sind deshalb mit einer entsprechenden Kerbe versehen. Bei den Weibchen der Grabwespen *(Sphecidae)* sitzt an den Vor-

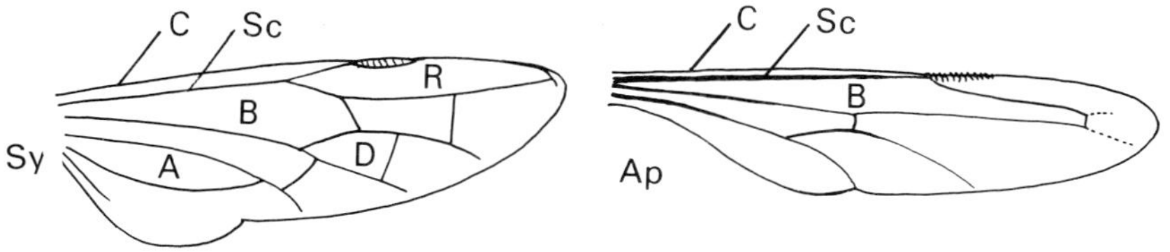


Bild 9. Wichtige Adern und Felder auf dem Hinterflügel von Vertretern der Unterordnungen *Symphyta* (Sy) und *Apocrita* (Ap): A – Analfeld, B – Basalfeld, C – Costa, D – Mittelfeld (diskoid), R – Flügelmalfeld (radial), Sc – Subcosta.

derbeinen ein Haarkamm, die Beine sind wichtige Werkzeuge beim Nestausheben. Die auffälligsten Umbildungen haben wohl die Hintergliedmaßen von Honigbienen-Arbeiterinnen und Hummeln erfahren, bei denen eine Vorrichtung zum Pollensammeln und Pollentransport ausgebildet ist.

Die Flügel sind häutig, fein behaart und meist transparent, bei einigen Arten aber bräunlich oder opalisierend. Der Vorderflügel ist länger als der hintere, an seiner Basis liegt eine hornförmige Schuppe (Tegula). Beide Flügelpaare sind von Längs- und Queradern durchzogen. Diese Längs- und Queradern bilden das Geäder, aus ihrer Kombination entstehen „Zellen", die alle wie auch die Längs- und Queradern ihren Namen haben. Am Vorderrand des Vorderflügels sitzt bei den meisten Arten ein kurzes dunkles Gebilde, das sog. Flügelmal (Pterostigma). Diese Flügeladerung ist bei den Pflanzenwespen *(Symphyta)* am kompliziertesten und am weitesten entwickelt. Bei eini-

Bild 10. Brustschema von oben: a – erstes Flügelpaar, b – zweites Flügelpaar, c – Mesonotum, d – Pronotum, e – Mittelsegment, f – Hinterschildchen, g – Schildchen, h – Tegula.

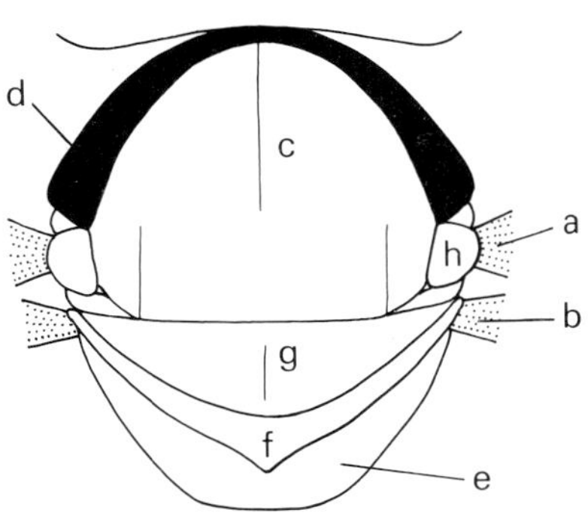


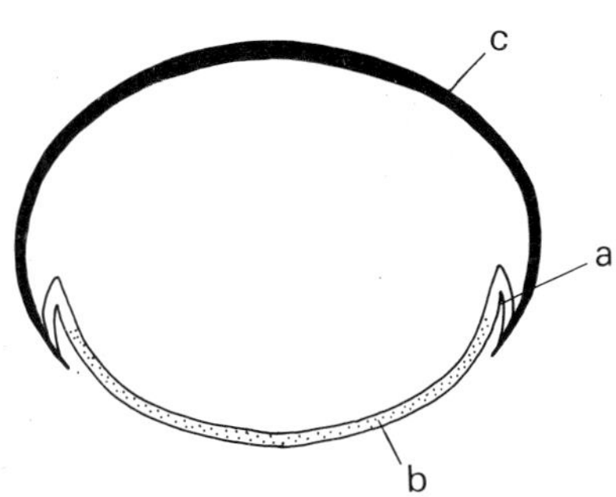


Bild 11. Hinterleibsquerschnitt: a – Pleurit, b – Sternit, c – Tergit. Am Insektenkörper werden nur Tergit und Sternit sichtbar, die Pleuriten sind verdeckt.

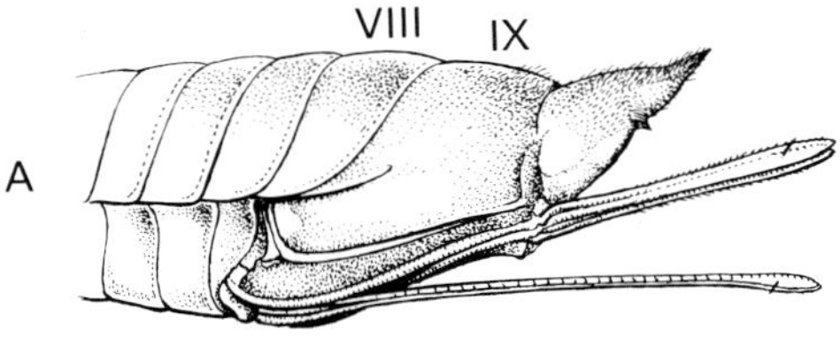


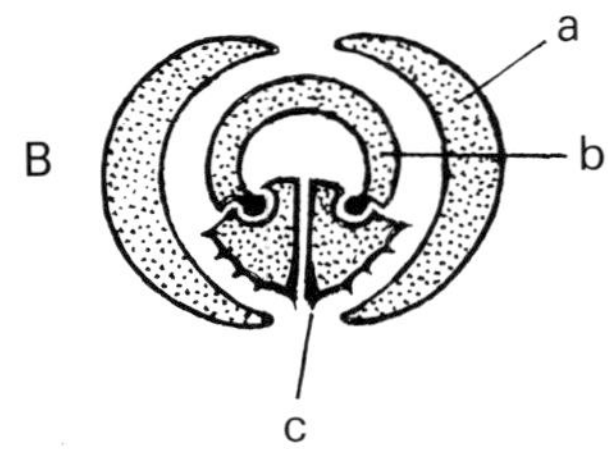


Bild 12. Legeröhre: A – Gesamtansicht, VIII, IX – 8. u. 9. Tergit, B – Querschnitt, a – Seitenvalve, b – Innenvalven, c – untere Valven (Stilette).

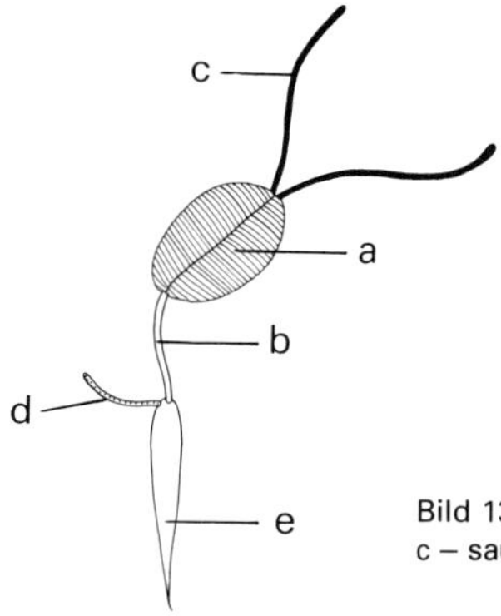


Bild 13. Wespenstachel – Schema: a – Giftblase, b – Giftleiter, c – saure Drüse, d – alkalische Drüse, e – Stachel.

gen Gruppen der Hautflügler, namentlich bei den sich parasitisch entwikkelnden Arten, ist sie aber stark reduziert. Aderverlauf, Zellform und Zellgröße liefern gute Unterscheidungsmerkmale. Den Aderverlauf einiger wichtiger Hautflüglergruppen zeigen die Bilder 8 und 9.
In Ruhe werden die Flügel flach über dem Körper zusammengelegt. Nur bei den Faltenwespen sind sie längs gefaltet. Am Vorderrand des Hinterflügels sitzt eine Reihe Häkchen, am Hinterrand des Vorderflügels ist eine Falte ausgebildet. Diese Vorrichtungen passen genau ineinander und sind für den Flug sehr wichtig. Die meisten Hautflügler-Arten besitzen Flügel, doch gibt es auch Ausnahmen. Manche Hautflügler sind zumindest in einem Geschlecht (oder Kaste) stets flügellos (z. B. Spinnenameisen-Weibchen, Ameisen-Arbeiterinnen, verschiedene Parasitenwespen usw.) bzw. verlieren ihre Flügel nach einer gewissen Zeit (Ameisenweibchen nach dem Hochzeitsflug). In einigen Fällen sind von einer Art Exemplare mit Flügeln, solche mit reduzierten Flügeln und gänzlich ungeflügelte bekannt (z. B. bei den Gallwespen, *Cynipidae).*
Der Hinterleib (Abdomen), der letzte Körperabschnitt, ist am mächtigsten. Theoretisch besteht er aus 11 Gliedern, doch sind praktisch nur 6–8 (manchmal auch weniger) zu sehen. Die einzelnen Segmente sind ringförmig und untereinander durch ein Häutchen verbunden. Der Hinterleib ist gleichfalls recht beweglich. Den Oberteil jedes Segments nennt man Tergit, der Unterteil ist das Sternit, ihre seitlichen Verbindungen sind die Pleuriten.

Bei den primitiven Hautflüglern wie etwa den Symphyten verwächst das erste Hinterleibssegment in seiner ganzen Breite mit der Hinterbrust. Bei den Taillenwespen *(Apocrita)* sind beide Abschnitte abgeteilt, und oft ist die stielartige Verbindung des Hinterleibs mit der Brust deutlich zu sehen. Im Hinterleib befinden sich die Körperorgane und der Kopulationsapparat. Beim Weibchen ist die Legeröhre ein Bestandteil des Hinterleibs, dieses Organ ist bei den entwicklungsgeschichtlich höheren Gruppen zum Stachel ausgebildet. Die Legeröhre kann kurz und dick, aber auch sehr lang und nadelförmig bzw. im Hinterleib verborgen sein. Der Stachel dient zur Verteidigung, bei der Jagd aber auch zum Töten oder Betäuben der Beute. Er ist hohl und mit einer Giftdrüse verbunden, seine Oberfläche ist entweder glatt oder mit Widerhäkchen besetzt. Einige Hautflügler können ganz empfindlich stechen (Spinnenameisen, Hornissen, Wespen u. a.). Männchen haben keinen Stachel.

## Vermehrung und Entwicklung

Die Vermehrungsweise der Hautflügler ist nicht einheitlich wie bei manchen anderen Insektenordnungen, sondern weist eine Menge Varianten auf.
Am häufigsten ist die zweigeschlechtliche (bisexuelle) Vermehrung, bei der das befruchtete Weibchen Eier legt, aus denen sich Larven entwickeln. Aus diesen werden Puppen und schließlich die fertige Imago, das Vollinsekt. Gelegentlich legen auch bei zweigeschlechtlichen Arten die Weibchen unbefruchtete Eier, aus denen trotzdem Junge schlüpfen. Diese Vermehrungsweise nennt man Parthenogenese. Einige Hautflügler vermehren sich nur parthenogenetisch (ihre Männchen wurden bisher noch nicht festgestellt). Es gibt aber auch Arten, bei denen Parthenogenese überwiegt, bei denen jedoch in seltenen Fällen auch Männchen vorkommen (z. B. bei der sehr häufigen Gemeinen Rosengallwespe).
Eine sehr komplizierte und ungewöhnliche Art der Fortpflanzung haben einige Schmarotzerwespen. Bei ihnen teilt sich eine einzige Eizelle unge-

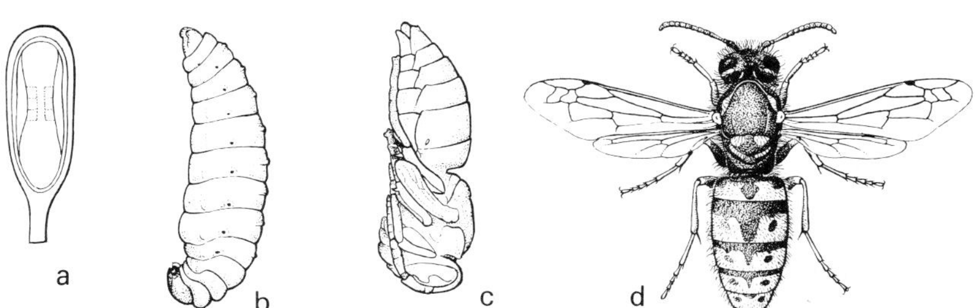


Bild 14. Entwicklungsstadien (Faltenwespen): a – Ei, b – Larve, c – Puppe, d – Imago.

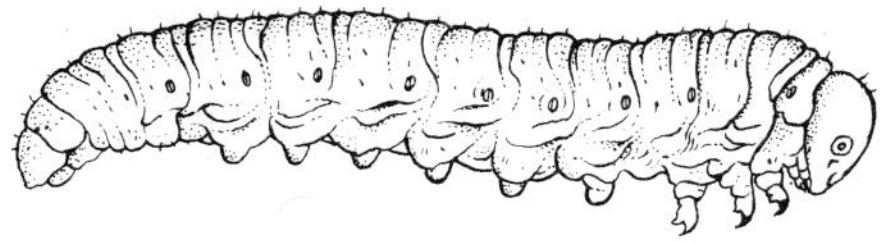

Bild 15. Zwei Hauptlarventypen: a – Afterraupe, b – beinlose Larve.

schlechtlich in eine Vielzahl von Keimen oder Embryonen, von denen sich jeder allmählich zur Imago entwickelt (Polyembryonie).

Genau wie bei den anderen großen Insektenordnungen (z.B. Käfern, Schmetterlingen oder Zweiflüglern) findet man bei der Entwicklung der Hautflügler eine vollständige Verwandlung. Das heißt, daß aus dem Ei nach unterschiedlich langer Zeit eine Larve schlüpft, die wächst, sich mehrfach häutet, um sich schließlich in eine Puppe zu verwandeln, aus der das fertige Insekt, der Vollkerf oder die Imago, schlüpft.

**Das Ei** hat eine feine Hülle, seine Größe hängt nicht nur von der Körpergröße des eierlegenden Weibchens ab, sondern auch von der Lebensweise der betreffenden Art.

**Die Larve** hat ganz unterschiedliche Formen, mit denen auch die Vielfalt ihrer Lebensäußerungen zusammenhängt. Man kann zwei grundlegende Typen unterscheiden: Bei den Pflanzenwespen *(Symphyta)* findet man raupenähnliche Afterraupen mit meist nur drei Brustgliedmaßenpaaren, mehreren Bauchfußpaaren und einem Ocellenpaar. (Die diesen Afterraupen ähnelnden Schmetterlingsraupen haben zwar auch Bauchfüße, doch sind bei ihnen normalerweise mehrere Ocellenpaare entwickelt; die Brustgliedmaßen der Schmetterlingsraupen sind dünn, die der Afterraupen kräftiger.) Der zweite Typ ist eine beinlose, madenartige Larve, sie kommt bei den Taillenwespen *(Apocrita)* vor.

Die Larve ist das einzige wachsende Entwicklungsstadium. Am günstigsten für das Wachstum ist die Zeit nach einer Häutung, wenn die alte, feste Haut abgestreift wurde und auf dem Körper eine feine, elastische Hülle entstanden ist. Die ausgewachsene Larve bleibt entweder an Ort und Stelle (z. B. bei den Bienen, Wespen, Gallwespen, Holzwespen u. a.) oder verkriecht sich in den Erdboden bzw. in einen anderen Schlupfwinkel. Dort spinnt sie sich in der Regel in einen Kokon ein, in dem sie oft mehrere Monate und eventuell sogar Jahre als sog. Ruhelarve verharrt. Die Larven vieler Hautflügler überwintern als Ruhelarve, um sich erst im Frühjahr zu verpuppen. Die Larven einiger Arten spinnen sich nicht ein, sondern bauen rings um ihren Körper ein Erdkämmerchen, in dem sie sich verpuppen. Diese Wiege kleben sie aus Speichel und Erdteilchen zusammen.

**Die Puppe** (pupa) ist der Typ der sog. freien Puppe (pupa libera). An dieser Puppe sind schon alle Körperanhänge des ausgewachsenen Insekts zu sehen, d.h. Fühler, Gliedmaßen und Flügelscheiden. Die Puppe bewegt sich

nicht und wächst auch nicht aktiv, ebensowenig wächst das erwachsene Insekt.
Die geschlüpfte Imago bleibt noch einige Zeit im Kokon. Dann muß sie sich entweder durch die Wandung des Kokons, die Körperwand des Wirtes oder durch Gallengewebe ins Freie durchbeißen. Normalerweise schlüpfen die Männchen früher als die Weibchen.
Eine komplizierte und nicht gerade häufige Entwicklungsweise ist der Generationswechsel (Heterogonie), in dessen Verlauf geschlechtliche Generationen mit ungeschlechtlichen abwechseln. Heterogonie findet man bei der ganzen großen Gallwespengruppe. In einer Generation kommen nur agame, d.h. unbefruchtete Weibchen vor, aus deren Eier die geschlechtliche Generation (Männchen und Weibchen) hervorgeht. Beide Generationen unterscheiden sich auch weitgehend in Form und Lebensweise, und sie entwickeln sich in Gallen, die sich in Bau und Größe unterscheiden. Die Entwicklung spielt sich entweder in der gleichen Wirtspflanze ab (im gleichen oder in einem anderen Pflanzenorgan) oder aber auf verschiedenen Wirtspflanzenarten (Heteroecie).

## Lebensweise

Die Hautflügler sind Landlebewesen. Viele Arten sind wärmeliebend, sie leben auf Waldsteppen und Steppen, an warmen Waldrändern u.a. Es gibt tag-, dämmerungs- und nachtaktive Arten, die häufig Lichtquellen anfliegen. Manche Arten fliegen sehr träge und schwerfällig *(Symphyta),* andere verbringen einen großen Teil ihres Lebens im Flug oder Lauf.
Die überwiegende Mehrzahl der Arten lebt individuell, einige Hautflügler leben gesellschaftsweise und bilden Staaten.
Die Vollkerfe halten sich mit Vorliebe auf blühenden Pflanzen auf, an denen sie ihre Nahrung finden: Nektar, Pollen und Honigtau. Einige Arten leben zwar räuberisch (Ameisen, Wespen), doch suchen auch viele von ihnen zukkerhaltige Säfte auf.
Das befruchtete Weibchen legt seine Eier an verschiedenen Orten und auf verschiedene Weise ab, oft benutzt es dabei seine Legeröhre. Im allereinfachsten Fall legt es die Eier an einer beliebigen Stelle ab und kümmert sich nicht mehr weiter um sie. In der Regel sind die Weibchen aber mit einem gewissen Fürsorgeinstinkt für die künftige Generation ausgestattet und legen die Eier wenigstens an Stellen, an denen die Larven hinreichend Nahrung finden. Oft werden Eier ins Pflanzengewebe gelegt (Blattwespen, Gallwespen), auf den Körper irgendeines Insektes (oder eines anderen Gliederfüßers) bzw. ins Körperinnere (Schlupfwespen, Brackwespen, Erzwespen u.a.). Wird das Ei frei auf den Wirtskörper gelegt, auf dessen Oberfläche sich später auch die Larve entwickelt, spricht man von Ektoparasitismus. Wird das Ei ins Gewebe des Wirtes gelegt, in dem dann die weitere Entwicklung stattfindet, handelt es sich um Endoparasitismus. Unter den Hautflüglern

gibt es Arten, die ihre Eier in Larven oder Puppen von Angehörigen der eigenen Ordnung legen (z.B. Schlupfwespen in Holzwespenlarven u.ä.). Die Weibchen einiger anderer Hautflügler spezialisieren sich bei der Eiablage auf die Kolonien sozial lebender Arten und dringen in deren Nester ein (z.B. Spinnenameisen in Hummelnester). Ähnlich operieren auch verschiedene Schmarotzerwespen und -hummeln, die nicht in der Lage sind, ein eigenes Nest anzulegen und sich um ihre Brut zu kümmern. Ihre neue Generation entwickelt sich in den Nestern verwandter Arten. Ameisen legen ihre Eier in Kammern und Gänge, Bienen, Hummeln und Faltenwespen in vorbereitete Waben aus Wachs oder Papiermasse.
Die Larve ist entweder Fleisch- oder Pflanzenfresser. Raupenähnliche Larven, die Afterraupen, sind in der Regel Pflanzenfresser. Sie halten sich meist auf Blättern auf, deren Gewebe ihnen überreiche Nahrung bietet. Die Larven einiger Arten leben im Blattgewebe. In Gesellschaft zusammenlebende Larven legen oft ein Gespinst um sich herum an, in dem sie sich aufhalten und so vor ihren Feinden geschützt sind.
Die madenförmigen beinlosen Larven bewegen sich nicht aktiv fort, und damit sind auch Lebens- und Ernährungsweise vorgegeben. Man findet sie vor allem bei räuberischen Arten. Die Larven zahlreicher Arten verbringen ihr ganzes Leben auf dem Körper einer Larve (oder Puppe) einer anderen Insektenart, meist auf Käfern oder Schmetterlingen bzw. in deren Körpergewebe. In beiden Fällen zehren sie ihren Wirt nach und nach aus. Die Larven der sozial lebenden Hautflügler können sich nicht selbst ernähren und sind auf die Brutpflege durch die Arbeiterinnen angewiesen (Faltenwespen, Bienen, Hummeln, Ameisen). Die Anwesenheit einer Larve der pflanzenfressenden Gallwespen veranlaßt die Wirtspflanze zu wuchernder Gewebebildung – so entsteht die Galle, in der sich die Gallwespe entwickelt.
Die meisten Hautflügler bringen im Laufe eines Jahres nur eine einzige Generation hervor. Bei Schmarotzern sind aber auch zwei, ja sogar mehr Generationen bekannt. Andere Arten brauchen zur Ausbildung einer Generation mehr als ein Jahr.

## Brutpflege

Es gibt sehr viele Hautflüglerarten, ja sogar ganze Gruppen, bei denen die Brutpflege in beträchtlichem Maße entwickelt ist. Wir müssen dabei zwischen Brutfürsorge und Brutpflege unterscheiden.
Brutfürsorge besteht beispielsweise nur in der Eiablage an einer geeigneten Stelle, an der die schlüpfende Larve hinreichend Nahrung vorfindet, bzw. in der Bereitstellung von Nahrung noch vor der Eiablage. Die Fürsorge der Weibchen läßt sich am besten an einigen Beispielen erläutern.
Auf ganz einfache Weise kümmern sich die verschiedenen kleinen Erzwespen um die neue Generation. Diese Arten entwickeln sich als Schmarotzer. Die Erzwespe sucht sich ein Opfer aus, den Wirt, meist eine Insektenlarve

(sehr häufig eine Napf- oder Deckelschildlaus). Auf deren Körperoberfläche bzw. ins Gewebe des Wirtes legt sie ein Ei, dann kümmert sie sich nicht weiter um die Nachkommenschaft. Die Erzwespenlarve schlüpft nach kurzer Zeit und findet dort, wo sie auf die Welt kommt, Nahrung zur Genüge, ja sogar im Überfluß. Sie lebt dann auf der Körperoberfläche des Wirtes oder in dessen Körper. Nach und nach verzehrt sie seine Körperorgane, allerdings so perfekt, daß der Wirt das ganze Larvenleben über am Leben bleibt. Ist er zum größten Teil oder sogar völlig konsumiert, verpuppt sich die Larve.
Die Weibchen vieler Hautflügler sind in der Brutfürsorge sehr erfinderisch, und wenn man hier mit einer menschlichen Eigenschaft vergleichen will, dann sind sie wirklich sorgsam. Grabwespen *(Sphecidae)* haben einen stark entwickelten Fürsorgetrieb. Sie graben nicht nur ein Nest für die Nachkommenschaft aus, sondern versorgen sie auch mit ausreichend Nahrung von guter Qualität. Das sind verschiedene Larven oder Spinnen. Die Grabwespe kann ihre Opfer natürlich nicht lebend im Nest verscharren, sonst liefen sie davon. Töten kann sie sie aber auch nicht, da sie sonst in der sommerlichen Hitze bald verwesen würden. So macht die Grabwespe aus ihrer Beute etwas, das man als „Insektenkonserve" bezeichnen könnte. Das erbeutete Tier wird durch einen Stich betäubt. Die Wirkung des Stiches hält lange an, so wirksam, daß das Opfer zu keiner aktiven Bewegung mehr fähig ist. In manchen Fällen beißt die Grabwespe ihrem Opfer sogar noch die Beine ab! Das so paralysierte Objekt verwest nicht, und sein Körper liefert der Grabwespenlarve bis zur Verpuppung hinreichend Nahrung. Ähnlich lähmen Dolchwespenweibchen verschiedene Blatthornkäferlarven (Nashornkäfer, Rosenkäfer u.a.), noch ehe sie ihr Ei legen.
Noch vollkommener als die Brutfürsorge ist die Brutpflege, die bei allen sozialen Hautflüglerarten entwickelt ist. Die Larven von Bienen, Faltenwespen, Hummeln oder Ameisen sind vom Schlüpfen aus dem Ei bis zum Erwachsenenstadium nicht in der Lage, sich selbst zu ernähren, und völlig von der Pflege der Arbeiterinnen abhängig, die sie unablässig füttern.

## Die ersten Staatengründer der Weltgeschichte

Von Insektenstaaten wird geredet und geschrieben, und niemand wundert sich über die ungewöhnliche Wortverbindung von Insekt und Staat. Über die Insektenstaaten hat wohl jeder seine ungefähren Vorstellungen, doch läßt sich hier immer noch etwas Neues entdecken.
Insekten, die eine gemeinschaftliche oder soziale Lebensweise haben, gehören aus der Sicht des Systematikers in zwei nicht miteinander verwandte Ordnungen: zu den Hautflüglern *(Hymenoptera)* und zu den Termiten *(Isoptera)*. Der Hauptunterschied zwischen beiden Ordnungen besteht in der Verwandlung. Wie schon erwähnt, gehören die Hautflügler zu den großen Insektenordnungen mit vollständiger Verwandlung, während die Termiten zu den Insekten mit unvollständiger Verwandlung gehören. Trotz dieser

grundlegenden Unterschiede bleiben die Termiten für den Laien meist nur „so etwas wie Ameisen". Das kommt vor allem durch die Lebensweise der Termiten, die scheinbar dem Leben der Ameisen weitgehend ähnelt. Termiten sind aber auf dem europäischen Kontinent nur mit einigen wenigen Arten vertreten, und ihre europäischen Staaten sind in ihrer Architektur recht uninteressant. Die europäischen Termiten leben eher im Verborgenen, auf ihre Existenz kommt man erst, wenn Holzgegenstände oder Holzbauten, in denen sie sich festgesetzt und über mehrere Generationen entwickelt haben, auseinanderfallen. Dafür gehören in den Tropen die Termitennester zu den ganz typischen und nicht aus der Natur wegzudenkenden Bauten, die vielerorts sogar den Gesamtcharakter einer Landschaft prägen.
Für die Insektenstaaten haben sich schon viele Gelehrte und Autoren interessiert. Sie haben versucht, Einblick in ihr geheimnisvolles Leben zu nehmen und ihre zuverlässig funktionierende Maschinerie aufzudecken. Und das Ergebnis: eine Unmenge dicker Bücher, gute und weniger gute, wissenschaftlich fundierte, aber auch reine Phantasie. Unter den Erforschern der sozialen Insekten fehlen auch klangvolle Namen nicht wie D. V. ALFORD, R. CHAUVIN, K. ESCHERICH, W. GOETSCH, K. GÖSSWALD, W. V. HARRIS, I. CHALIFMAN, P. P. und M. W. LARSON, E. O. WILSON u. a. Prof. KARL RITTER VON FRISCH wurde für hervorragende Forschungsergebnisse auf diesem Gebiet, in erster Linie über das Leben der Bienen, der Nobelpreis verliehen. Nicht nur Wissenschaftler, sondern auch popularisierende Autoren und Naturschriftsteller wurden von den Rätseln der Insektenstaaten angezogen. M. MAETERLINCK schrieb darüber fesselnd wie ein Kriminalroman, ganz anders, aber gewiß nicht weniger interessant, J. OBENBERGER und viele andere.
Oft wird das Leben der menschlichen Gesellschaft mit dem Leben anderer Geschöpfe verglichen, wobei dann häufig nicht miteinander vergleichbare Dinge oder Handlungen gleichgesetzt werden. Man versucht Gemeinsamkeiten zwischen Insekten- und Menschenstaat zu finden, auch wenn von vornherein feststeht, daß der gemeinsame Nenner – der Staat – in beiden Fällen grundverschiedene Bedeutung und Gesetzmäßigkeiten hat. Der Insektenstaat wird von der instinktiven Fähigkeit des Zusammenlebens gelenkt, die unverändert von einer Generation auf die andere vererbt wird. Ein Insektenstaat ist sehr häufig nur eine einzige, weit verzweigte „Familie", an deren Spitze immer ein Muttertier – die Königin – steht. Mit Menschenaugen gesehen, handelt es sich um ein Matriarchat. Im Insektenstaat leben drei verschiedene Einwohnergruppen oder Kasten in ganz bestimmter Rangabstufung nebeneinander. Sie sehen sich äußerlich weitgehend ähnlich, doch bestehen zwischen ihnen bestimmte Unterschiede in der Größe, Anordnung und Ausbildung (bzw. Verkümmerung) gewisser Körpermerkmale und natürlich auch in der Lebensweise. Neben dem Muttertier, der Königin (♀), bzw. mehreren Muttertieren leben hier, solange der Staat besteht, Arbeiterinnen, d.h. unvollkommen ausgebildete Weibchen (☿), und zu einer bestimmten Zeit erscheinen Männchen (♂). Häufig findet man nicht nur zwischen den Angehörigen der verschiedenen Kasten Unterschiede, sondern

auch zwischen den Individuen einer einzigen Kaste. So haben z. B. manche Ameisenarbeiterinnen einen großen Kopf und starke Kiefer, man nennt sie üblicherweise, wenn auch nicht immer ganz zutreffend, Soldaten.
Die Königin und Mutter kann in der Tat Mutter des ganzen Staates, aller „Töchter" und „Söhne" sein. Das ist überall dort der Fall, wo sich in der Kolonie nur eine einzige Königin befindet, z. B. bei Wespen, Hummeln und meist auch bei den Honigbienen. Dort, wo sich in einem Nest mehrere Königinnen finden, ist die Sachlage komplizierter. Die Königinnen können, müssen aber nicht miteinander verwandt sein, und daher ist ihre Nachkommenschaft möglicherweise, aber nicht notwendig miteinander verwandt, doch kommen alle Individuen gut miteinander aus.
Die Staaten der Wespen, Bienen und Ameisen sind nach groben Schätzungen der Entomologen etwa 100 Millionen Jahre alt; Termitenstaaten sind offensichtlich noch älter. Bienen und Hummeln haben schon damals Wachs hergestellt, und die Wespen konnten schon damals aus papierartiger Masse Nester zusammenkleben. Ihre Kunst als Nestbaumeister ist immer gleich und unbeirrbar, sie geht nicht unter, entwickelt sich aber auch nicht weiter. Gelegentlich kommt es vor, daß sie sich hier und da die Arbeit „erleichtern", indem sie zum Nestbau anstelle von Holzteilchen ein Stück weggeworfenes Zeitungspapier oder einen Styroporkrümel nehmen. Immer haben sie genug Baumaterial und nutzen es mit maximaler Sparsamkeit und Schnelligkeit. Sie haben wirklich keine Zeit zu verlieren, denn ihr Leben ist begrenzt, und in dieser kurzen Zeitspanne müssen sie eine ganze Menge Aufgaben erledigen.
Zu den unveränderlichen und unerbittlichen Gesetzen des Insektenstaates gehört auch sein Untergang. Dieser bricht bald herein; bei Wespen und Hummeln noch im gleichen Jahr, in dem der Staat gegründet wurde. Die alte Königin, die Arbeiterinnen und Männchen sterben, nur die vor Ende des Sommers ausgeschlüpften und befruchteten Weibchen überstehen in einem Schlupfwinkel den Winter. Nur die Staaten der Ameisen und Honigbienen überstehen mehrere Jahre.
Nachdem nun die Existenz der Insektenstaaten in den Grundzügen dargelegt worden ist, soll doch wenigstens an einem Beispiel dargestellt werden, wie ein Insektenkönigreich erbaut und verteidigt wird, aber auch, wie es zugrunde geht: die Wespengesellschaft, Musterbeispiel eines vollkommenen Staates. Im Vergleich mit ihm ist z. B. der Bienenstaat schon weitgehend von Menschenhand beeinflußt: Der Mensch bietet den Bienen perfekte Behausungen, sogar Hilfsmittel beim Wabenbau und darüber hinaus Nahrung für den Winter. Die Staaten der Hummeln und Ameisen dagegen lassen die bauliche Großzügigkeit und Ansehnlichkeit vermissen, durch die sich die Wespenstaaten auszeichnen.
Die Staaten aller Wespenarten der gemäßigten Zone existieren nur für einen bestimmten Abschnitt der jährlichen Vegetationszeit, einige sterben schon gegen Sommerende ab, wenn die Vegetation noch in voller Blüte steht. Eine Zeitspanne von etwa sechs Monaten ist das Existenzmaximum für den

Wespenstaat. Jeder Staat wird im Frühjahr von einer Königin gegründet, die den Winter in einem Versteck überlebt hat. Die Königinnen mancher Arten legen ihr Nest zwar in der Nähe der Stelle an, an der sie geschlüpft sind oder überwintert haben, doch benutzt keine ein Nest aus dem Vorjahr. Die Tatsache, daß ein Wespenstaat jedes Jahr von neuem angelegt und gebaut wird, ist relativ wenig bekannt. Allgemein wird angenommen, daß so ein Wespen- oder Hummelreich mehrjährig ist, ähnlich wie bei der Honigbiene und den Ameisen.

Faltenwespen, Honigbienen und Pillenwespen (die zur Larvenaufzucht kleine wohlgeformte, amphorenähnliche Töpfchen aus Lehm zusammenkleben) gehören offensichtlich zu den besten und zweifellos emsigsten Architekten und Baumeistern in der Insektenwelt. Ihre Nester zeichnen sich durch unglaubliche Regelmäßigkeit, Schönheit und Zweckmäßigkeit aus. Wenn man sich dazu noch vor Augen führt, daß die meisten Arten ihre Nester in völliger Dunkelheit bauen, dann muß man sich eingestehen, daß hier wirklich etwas Außerordentliches vorgeht.

Alle Faltenwespen kleben ihr Nest aus Papiermasse zusammen, die sie rela-

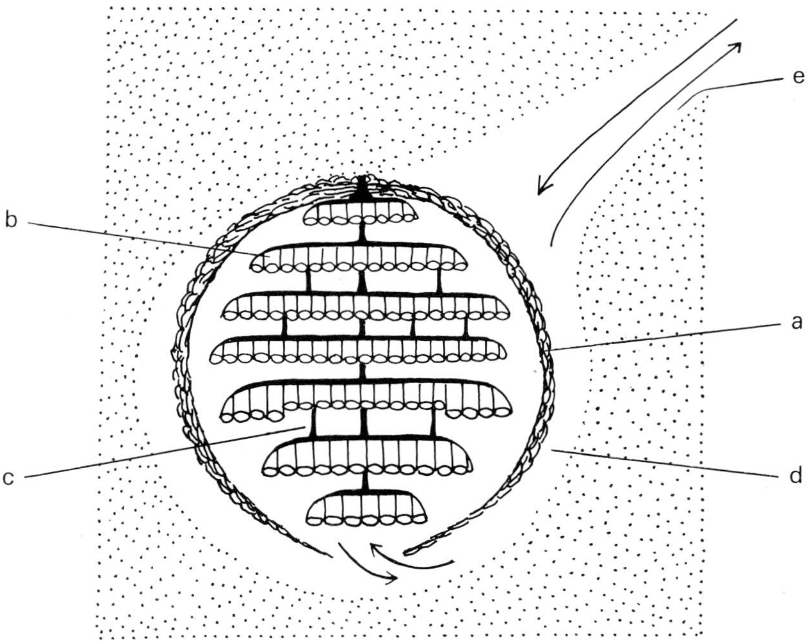


Bild 16. Bauschema eines unterirdischen Wespennests (die Pfeile veranschaulichen Ein- und Ausflug der Wespen): a – Hülle, b – Wabe, c – Versteifungen (Leisten), d – Luftraum, e – Ein- und gleichzeitig Ausflugsgang.

tiv leicht und schnell aus Holzteilchen herstellen, indem sie sie mit Speichel zu einem Kügelchen formen. Damit fliegen sie ins Nest, streichen die Papiermasse an der passenden Stelle glatt und gehen erneut auf Materialsuche. Meist nehmen sie zum Bau nur einen bestimmten Holztyp, genauer gesagt nur Holz von einer bestimmten Stufe des Alterungs- und Zersetzungsvorgangs. Manche Arten sammeln nur altes, morschendes Holz, andere kratzen Spänchen von vertrockneten Stämmen oder Balken bzw. von trokkenen Ästen ab. Nur höchst selten nagen sie lebendes Holz an. Das verwendete Material bestimmt nicht nur die endgültige Färbung des Nestes, sondern beeinflußt auch seine Buntheit. Die Nester einiger Arten sind gelblich (Gemeine Wespe, Hornisse), die der meisten mitteleuropäischen Arten grau. Im Bauverlauf nutzen die Wespen auch die Papiermasse des eigenen Nestes neu, jedoch erst in der Hochsaison, wenn sie einige Umbauten durchführen.

Die Ortswahl für das Nest und seine Gründung sind für die neue Königin wichtige Aufgaben. Sie wählt nicht einfach eine beliebige Stelle, sondern sucht erst sorgfältig die Landschaft ab, ehe sie sich entscheidet. Auch wenn sie dieser Sucharbeit große Aufmerksamkeit widmet, kann es vorkommen, daß sich der Ort als ungeeignet erweist und das Nest entweder umkommt oder eine Notlösung gefunden werden muß. Die Königin baut selbst nur einen kleinen Teil des Nestes, vor allem den Stiel, an dem das künftige Nest hängt, die ersten paar Zellen und einen Teil der sie umgebenden Schutzhülle. Diese Zellen sind der Grundstock der ersten, obersten Wabe (das Nest hängt abwärts, Wespen bauen von oben nach unten und nicht umgekehrt!). Alle Zellen in den Waben weisen mit dem offenen Ende nach unten, in jede klebt das Weibchen ein einziges Ei. Bald schlüpfen die Larven, und somit erwächst der Königin eine weitere Pflicht, die Fütterung. Bisher mußte sie sich nur um die eigene Nahrung kümmern. Jetzt geht sie auf Insektenjagd und erbeutet vor allem Fliegen und Raupen, mit denen sie die Larven füttert. Die Larven sind natürlich nicht in der Lage, selbst auf Nahrungssuche zu gehen, da sie ihre Zellen nicht verlassen können. Anfangs sind sie an der Zellwand festgeklebt, damit sie nicht herausfallen. Sie wachsen dann schnell in die Länge und Dicke und sitzen schließlich so fest in den Zellen, daß sie gar nicht herausfallen können. Gegen Ende ihrer Entwicklung deckeln sie sich in den Zellen ein, verpuppen sich, und nach kurzem erscheinen schon die ersten Arbeiterinnen, um der Königin zu helfen. Man könnte sie fast Sklavinnen nennen, denn sie kennen nichts anderes als unermüdliche Arbeit für die Weiterentwicklung ihrer Wespengesellschaft. Außer dem Eierlegen übernehmen sie alle Pflichten der Königin, dies bleibt das Vorrecht des Muttertiers. Die Arbeiterinnen bauen weitere Waben, die sich genauso wie die erste in waagrechter Lage befinden. Die Waben werden untereinander durch Mittel- und Seitenverbindungen gefestigt, wodurch auch das ganze Nest stabiler wird. Zu einer bestimmten Zeit legen sie außer den kleineren Arbeiterinnenzellen breitere Zellen an, in denen sich die Männchen und die Weibchen entwickeln, die künftigen Königinnen. Zu den Bauaufgaben der Arbeiterin-

nen gehört auch die Erweiterung des Nestraumes und die Herstellung einer Schutzhülle um die Waben. Auch das Füttern der Larven und die Beseitigung der Abfälle gehört zu ihrer Arbeit. Bei großer Hitze kühlen die Arbeiterinnen das Nest durch Befächeln mit den Flügeln und Besprengen mit Wasser. Bei einigen Arten sitzen im Nesteingang Wächterinnen, die zuverlässig jeden Eindringling verjagen, sie erkennen ihn an seinem falschen Nestgeruch. Alle Bewohner eines Nestes sind nämlich von speziellen Duftstoffen, sog. Pheromonen, durchdrungen. Mit Sicherheit nehmen die Nestbewohner gegenseitig ihren Duft wahr und erkennen so die Bewohner anderer Nester, deren Pheromone anders sind.
Das Leben im Wespennest ist recht eintönig. Die Königin verläßt das Nest meist überhaupt nicht mehr, ihr Tod hätte das vorzeitige Ende des Staates zur Folge. Nach einer Zeit, in der nur Arbeiterinnen ausschlüpfen, beginnen im Hoch- und Spätsommer junge Weibchen und Männchen zu schlüpfen. Damit ist die Entwicklung des Wespennestes auf ihrem Gipfel, jetzt geht es mehr oder weniger schnell seinem Ende entgegen. Die begrenzte Lebensdauer des Wespenstaates hat eine Reihe von Ursachen, eine davon ist der Nahrungsmangel. Wespen können nämlich keine Wintervorräte anlegen, und außerdem sind die Arbeiterinnen nicht in der Lage, den Winter zu überstehen. Nur bei tropischen Arten kann ein Wespenstaat mehrere Jahre lang existieren, denn dort herrschen günstigere Klimabedingungen, und es steht genug Fleischnahrung für die Larven zur Verfügung. Interessanterweise gründen die beiden häufigsten europäischen Wespen, die Gemeine Wespe und die Deutsche Wespe, nach Verschleppung in die Tropen keinen einjährigen, sondern einen mehrjährigen Staat.
Der Wespenstaat geht zwar manchmal gewaltsam, meist jedoch auf natürliche Weise zugrunde. Auch in seiner höchsten Blüte kann er untergehen, entweder wird das Nest von Menschenhand vernichtet, oder die Königin kommt ums Leben. Einer der Gründe für das allmähliche Absterben des Wespenstaates ist der vorzeitige Tod der Königin, gleich, ob natürlich oder gewaltsam. In diesem Fall beginnen zwar einige Arbeiterinnen oft, Eier zu legen, doch sind diese nicht befruchtet, und es entstehen nur Männchen. Der Staat existiert dann zwar noch einige Zeit, doch geht er bald zugrunde. Eine Gefährdung und eventuell sogar ein allmählicher Untergang des Staates ist auch dann möglich, wenn die Königin einen ungeeigneten Ort zum Nestbau ausgewählt hat und es sich während des Baues herausstellt, daß sich der Nestraum nicht mehr erweitern läßt. Dann wird das Nest entweder verlassen, oder es wird in der nächsten Umgebung ein Ersatznest angelegt, das mit dem ursprünglichen Nest auch verbunden sein kann. Den Untergang der ursprünglichen Nestbevölkerung bedeutet auch das Auftreten einer Kukkuckswespe, auch wenn der Staat erhalten bleibt. Die Kuckuckswespe tötet die ursprüngliche Königin, nimmt vom Nest Besitz, legt eigene Eier hinein und läßt ihre Nachkommenschaft von den Arbeiterinnen der ursprünglichen Königin aufziehen.
Die größte Katastrophe für den Wespenstaat ist die Vernichtung durch den

Menschen. Dabei kommt es in erster Linie darauf an, ob zur Vernichtung des Nestes Giftpräparate verwendet wurden und ob die Königin den Angriff überstanden hat oder umgekommen ist. Bleibt sie nach einem solchen Vernichtungsangriff am Leben, so besteht eine gewisse Aussicht auf eine Erneuerung des Nestes. Die übriggebliebenen Arbeiterinnen finden sich auf den Wabenresten ein, versuchen, neue Zellen anzulegen, bauen die beschädigten Waben um und setzen die Larvenfütterung fort. Jede neu geschlüpfte Arbeiterin ist eine Verstärkung für die Kolonie. Wurde das Nest jedoch durch Gift zerstört und dabei die Königin getötet, so ist es mit der Existenz des Staates endgültig vorbei.

Der natürliche Untergang des Wespenstaates im Herbst ist bei unseren Klimabedingungen unaufschiebbar. Häufig konnte ich beobachten, wie Arbeiterinnen der Deutschen Wespe und von Hornissen im Oktober oder noch an sonnigen Novembertagen lebende Larven aus dem Nest trugen und sie unweit vom Schlupfloch zu Boden warfen, um sie so dem sicheren Tod auszuliefern. Der Grund dafür liegt wohl in der Tatsache, daß im Hochsommer (bei einigen Arten erst im Spätsommer) vorwiegend Männchen und Weibchen, aber nur wenige Arbeiterinnen schlüpfen. Der Rückgang der Arbeiterinnen beeinflußt natürlich den Fütterungsprozeß ungünstig. Die Arbeiterinnen können nicht mehr alle Larven sättigen, oder sie geben ihnen zu wenig Nahrung. Die Larven sind hungrig und magern ab, die Zellen, in denen sie sitzen, werden ihnen zu weit, und sie fallen auf das Dach der darunterliegenden Wabe. Für die Wespen-Arbeiterinnen sind sie offensichtlich Abfall, den sie mit den Kiefern packen und aus dem Nest tragen. Viele Larven verhungern auch direkt im Nest, wenn die Arbeiterinnen keine Nahrung mehr herbeischleppen.

Kurz nach dem Tod der Arbeiterinnen und der Männchen, nachdem sich die jungen Königinnen in ihre Winterverstecke verkrochen haben, geht das eigentliche Nest zugrunde, denn die Dauerhaftigkeit der Papiermasse ist im Erdboden nur gering. Nach Einsetzen der Herbstregen saugt sich das unterirdische Nest mit Wasser voll, überzieht sich mit grünlichgrauem Schimmel, die Waben zerfallen. Schimmelbefall habe ich bereits am 30. September auf einem ausgegrabenen Nest der Gemeinen Wespe beobachtet, als es noch von einigen Arbeiterinnen und jungen Königinnen bewohnt war. Nur Nester, die unter Dächern oder auf Dachböden von Gebäuden angelegt wurden, sind dauerhafter, da sie weniger der Feuchtigkeit ausgesetzt sind. Aber auch sie zersetzen sich unter der Wirkung von wechselnden Temperaturen und Feuchtigkeit.

Der Bau der Wespenwaben sowie des ganzen Wespennestes ist eines der vielen bewundernswerten Naturphänomene. Es lohnt sich wirklich, einmal eine verlassene Wespen- oder Hornissenwabe zu betrachten. Hier herrscht eine einzigartige Regelmäßigkeit der Formen, eine Zelle ist wie die andere, regelmäßige Sechsecke, die dicht aneinander sitzen. Dabei muß man daran denken, daß die Königin und ihre Arbeiterinnen das Nest in völliger Dunkelheit auf stark begrenztem Raum erbaut haben. Die Arbeiterinnen sind auch nie in eine Lehre gegangen, sie haben einfach zu bauen begonnen und mit größtmöglicher Genauigkeit und Zweckmäßigkeit gebaut. Dabei drängen sich viele Fragen auf: Wie kommt die Wespe zu dieser Zellengruppierung, wie hält sie die genauen Sechsecke ein? Es folgt doch eine Generation auf die andere, und die Arbeit geht unermüdlich weiter, die Arbeiterinnen setzen mit der gleichen Sorgfalt und Zuverlässigkeit das Werk ihrer Vorgängerinnen fort. Eine Reihe von Fakten ist bereits bekannt, doch wird die Erklärung vieler Phänomene wohl noch einige Zeit auf sich warten lassen.

## „Kuckucksinsekten" und andere Mitbewohner der Insektenstaaten

Nicht nur die Vögel, auch die Insekten haben ihre „Kuckucke", die gerade bei den sozialen Insekten bekannt geworden sind. Kuckucksinsekten sind Schmarotzerwespen und Schmarotzerhummeln. Diese Arten können selber kein Nest gründen und ihre Nachkommen aufziehen, sie besetzen daher das Nest einer verwandten sozial lebenden Art. Bei der Aneignung eines Nestes verhalten sich nicht alle Arten gleich, auch wenn alle das gleiche Ziel haben: die Ernährung und Aufzucht der kommenden Generation auf fremde Kosten.

Zunächst einmal die Kuckuckswespen: Sie haben keine Arbeiterinnen für Nestbau und Larvenfütterung, doch auch sie müssen sich fortpflanzen. Das Weibchen (die zukünftige Königin) löst die Zukunftsprobleme für sich und den Staat im Regelfall etwa so: Zuerst sucht es sich ein Nest der entsprechenden Wirtsart. Dort müssen schon Arbeiterinnen oder wenigstens Larven und Puppen vorhanden sein, aus denen binnen kurzem Arbeiterinnen schlüpfen. Die Schmarotzerwespe braucht sie nämlich zur Aufzucht der eigenen Nachkommen. Das Eindringen in das Wirtsnest gestatten der Schmarotzerwespe wahrscheinlich ähnliche Pheromone wie die von den Wirtswespen ausgeschiedenen. Nur so läßt sich erklären, daß sie nicht schon beim ersten Versuch, ins Nest einzudringen, von den Wespen totgestochen wird. Sobald sie hineingelangt ist, tötet sie normalerweise die Königin und setzt sich im Nest fest. Unmittelbar danach beginnt sie mit dem Eierlegen, ihrer einzigen Aufgabe. Die bereits im Nest vorhandenen oder erst noch ausschlüpfenden Arbeiterinnen müssen der Schmarotzerwespe dienen, deren Brut sie genauso füttern und pflegen wie die Angehörigen der eigenen Art. Im Laufe der Zeit bekommen die Nachkommen des Eindringlings im Staat das Übergewicht, die ursprüngliche Bevölkerung stirbt aus. Im Herbst werden die Arbeiterinnen sowieso nicht mehr gebraucht, da auch der Okkupantenstaat mit Herbstbeginn untergeht. Den Winter überleben nur befruchtete Weibchen, die im kommenden Frühjahr genau wie ihre Mutter einen neuen Staat gründen.

Die Besetzung der Nester verschiedener Feldwespen durch Schmarotzer verläuft ähnlich wie bei den Faltenwespen, der Eindringling tötet oder vertreibt die Königin und übernimmt das Nest. Manchmal verläuft dieser Prozeß etwas milder, man könnte sagen, höflicher. Es kommt zum Kampf, aus dem der stärkere und größere Schmarotzer zwar als Sieger hervorgeht, doch wird die ehemalige Königin weiter im Nest geduldet. Sie ist aber keine Königin mehr und wird Arbeiterin, die nicht mehr gefährlich ist, da sie keine Eier mehr legt. Eine wirklich ernste Gefahr besteht aber auch für die Übernehmer des Nestes. Wenn sie zu viele Nester besetzen und damit vernichten, gibt es nach einiger Zeit niemanden mehr, der in der folgenden Saison ihre Nachkommen aufzieht, und die Schmarotzer-Feldwespen sterben in einer bestimmten Landschaft aus.

Wie läßt sich die Entstehung solcher parasitischer Arten erklären? Verschiedene Gründe führten zu der Annahme, daß sich die „Kuckuckswespen" in einem sehr langen Zeitraum aus nichtparasitierenden Arten entwickelt haben. Diese Arten haben im Laufe der Zeit allmählich die Fähigkeit zur sozialen, gemeinschaftlichen Lebensweise verloren.

Auch die Hummeln haben ihre „Kuckucke" – die sehr ähnlichen Schmarotzerhummeln. Sie haben gleichfalls keine Arbeiterinnen und lassen ihre Larven von einer verwandten (und ähnlichen) Hummelart aufziehen. Über ihre Lebensweise weiß man noch sehr wenig. Allem Anschein nach sind sie verträglicher, und man findet oft in einem Nest die ursprüngliche Hummelkönigin zusammen mit der eingedrungenen, die zur eigentlichen Herrscherin des Staates geworden ist, während die ursprüngliche mehr oder weniger nur geduldet wird.

Ähnliches findet man auch bei manchen Ameisen, doch ist deren Lebenslauf etwas anders als bei den Schmarotzerwespen und Schmarotzerhummeln. Auch wenn die Königinnen einiger Arten ihre neue Kolonie auf die gleiche gewaltsame Weise wie diese gründen, d. h. durch Eindringen in das gebaute Nest einer anderen Art, sind ihre Nachkommen vorwiegend Arbeiterinnen und nur zu einem gewissen Zeitpunkt auch Männchen und Weibchen. Die ersten Arbeiterinnen muß allerdings anstelle der eigenen Mutter jemand anders aufziehen. Ein anschauliches Beispiel liefert die allgemein bekannte Rote Waldameise *(Formica rufa).* Das befruchtete Weibchen legt seine neue Kolonie normalerweise im Nest einer anderen Ameisenart an. Oft ist das die Grauschwarze Sklavenameise *(Formica fusca).* Hat das Nest gerade keine Königin, so verläuft die ganze Aktion friedlich. Etwas komplizierter ist es, wenn schon eine Königin anwesend ist. Dann kommt es zum Kampf, in dem die schwächere *Formica fusca* unterliegt. Ihre Stelle nimmt *Formica rufa* mit allen Rechten und Pflichten ein. Mit diesem Augenblick ist der Untergang der Sklavenameisenkolonie besiegelt. Eine andere Möglichkeit gibt es nicht, denn es gibt keine *Formica fusca*-Königin mehr, die Eier dieser Art legen könnte. Anfangs läuft das Leben im Ameisennest weiter wie zuvor, doch im Laufe der Zeit erscheinen immer mehr neue Waldameisen-Arbeiterinnen, während die Zahl der Sklavenameisen-Arbeiterinnen immer geringer wird. Arbeiterinnen von *Formica rufa* versehen jetzt auch schon alle Pflichten, vergrößern das Nest, füttern Larven und Königin. Eines Tages verschwinden

die *Formica fusca*-Arbeiterinnen völlig, aus ihrem ursprünglichen Nest ist eine reine *Formica rufa*-Kolonie geworden.
Es kann aber auch noch komplizierter ablaufen als bei der beschriebenen *Formica rufa.* Hier kann die Königin zwar kein Nest anlegen und Arbeiterinnen aufziehen, doch sind ihre Nachkommen in der Lage, alle im Ameisenhaufen lebenswichtigen Tätigkeiten auszuführen. Es gibt Ameisen, deren Weibchen nicht nur unfähig sind, ein Nest zu gründen und die Larven zu füttern, sondern sich sogar noch von Sklaven bedienen lassen, die im Nest weit zahlreicher sind. Ein Beispiel für eine solche Sklavenhalterart ist die Amazonenameise *(Polyergus rufescens).* Sie ist ein Krieger, der nicht arbeitet, sondern nur immer neue Kriegsabenteuer und Beute sucht, die aus neuen Sklaven besteht (wenn auch vorerst noch in Puppenform).
Außer von diesen „Kuckucksarten" werden Insektenstaaten noch von einigen Dutzend verschiedenster Insektenarten bewohnt, die zu ihren Wirten ganz unterschiedliche und manchmal recht merkwürdige Beziehungen pflegen. Die meisten und artenreichsten Untermieter findet man bei Ameisen. Unter ihnen gibt es Arten, die den Ameisen süße Nahrung liefern, aber auch Eindringlinge, die jungen oder kranken Wirtstieren nachstellen.
Die Wissenschaftler haben alle Ameisenmitbewohner in drei große Gruppen eingeteilt und jede mit einem entsprechenden Namen versehen. Das sind Symphile – von den Ameisen gepflegte Arten, Synökenten – von den Ameisen geduldete – und Synechthren – d. h. räuberische Arten. Die Mehrzahl jeder dieser Kategorien wird von Käfern gebildet, an deren Spitze die Kurzflügler *(Staphylinidae)* stehen. Allein über ihr Leben in den dunklen Ameisenhaufen ließe sich ein Buch mit vielen hundert Seiten schreiben.

## Wie viele Hautflüglerarten leben auf der Erde?

Auf die häufig gestellte Frage, wie viele Hautflüglerarten denn unsere Erde bevölkern und wie viele noch entdeckt werden können, will ich lieber die Angaben verschiedener Fachleute anführen. Dabei wird sicher klar, wie lükkenhaft unsere Kenntnisse auch einer so wichtigen Insektengruppe, wie sie die Hautflügler darstellen, heute noch sind.
Nach einer Schätzung von BERNARD (in seinem umfangreichen Werk Traité de Zoologie, 1951) sind rund 280000 Arten beschrieben worden, und es soll etwa eine Million Arten geben. Demgegenüber sind die Schätzungen von KAESTNER in seinem modernen Lehrbuch der Zoologie (1975) viel nüchterner und wohl auch realistischer. Er erwähnt etwa 100000 beschriebene Arten. Zu einem ähnlichen Ergebnis kommt auch GRZIMEK in seinem umfangreichen modernen Tierleben (1975).
Eine Schätzung der mitteleuropäischen Hautflügler liefert schon genauere Zahlen, auch wenn hier ein paar hundert (manchmal auch ein paar tausend) keine Rolle spielen. Die Zahl 15000 entspricht wohl der Wirklichkeit. In ganz Europa rechnet man mit etwa 45000 Arten.

Vergleicht man diese Angaben mit der Artenzahl der am besten erforschten Insektenordnung, den Käfern, so stellt man fest, daß diese auf der ganzen Welt mit rund 350000 Vertretern an der Spitze liegen. In der mitteleuropäischen Fauna gebührt ihnen aber nur der zweite Platz, ziemlich weit hinter den Hautflüglern, die hier ihre Spitzenstellung zweifellos auch halten werden. Interessant ist die Feststellung, daß die Zahl der Zweiflügler, einer bis vor kurzem noch unbeachteten Ordnung, in ständigem Steigen begriffen ist. Es ist nicht ausgeschlossen, daß sie auf dem Gebiet Mitteleuropas eines Tages die Käfer einholen (oder sogar überholen).

## Systemübersicht der Ordnung Hautflügler

(Das Sternchen * beim Namen einer Familie bedeutet, daß eine ihrer Arten im Bildteil näher behandelt wird)

### 1. Unterordnung Pflanzenwespen (Symphyta)

Entwicklungsgeschichtlich älteste Hautflügler, deren Hinterleib in ganzer Breite und Höhe an die Hinterbrust anschließt. Häufige Unterschiede zwischen Männchen und Weibchen (Form, Körperfarbe, Fühlerform usw.). Flügel stets entwickelt, mit reichem Geäder. Sie fliegen ungern, schwerfällig, gegebenenfalls geräuschvoll. Die Weibchen sind mit unterschiedlich langer Legeröhre ausgestattet. Die Larven ähneln den Schmetterlingsraupen, haben Brustbeine und am Hinterleib Afterfüße.
In der europäischen Fauna gibt es 6 Überfamilien:

**Überfamilie Xyeloidea.** Entwicklungsgeschichtlich sehr alt, Imagines klein, nur wenige Millimeter lang. Die 12gliedrigen Fühler haben eine ungewöhnliche Form: Die letzten 9 Glieder sind sehr klein und schwach. Die Imagines sind selten im zeitigen Frühjahr vorwiegend in jungen Kiefernwaldungen anzutreffen.
Familie: *Xyelidae*

**Überfamilie Megalodontoidea.** Die Imagines haben durchweg einen breiten Kopf, der Hinterleib ist seitlich scharf begrenzt, Fühler vielgliedrig, Flügel manchmal gelblich oder dunkel. Die Larven fressen Pflanzengewebe, einige Arten gelegentlich schädlich.
Familien: *Megalodontidae;* Gespinst- oder Kotsackwespen *(Pamphiliidae)* *

**Überfamilie Siricoidea.** Große, geräuschvoll fliegende Arten, Körper zylindrisch. Am Vorderflügel entweder zwei *(Xiphydriidae)* oder drei *(Siricidae)* Kubitalzellen. Die Weibchen haben unterschiedlich lange Legeröhren, die Larven entwickeln sich im Holz von Laub- und Nadelbäumen und sind Wirte für die parasitischen Larven großer Schlupfwespen.
Familie: Holzwespen *(Siricidae)* *; *Xiphydriidae* *

**Überfamilie Orussoidea.** Kleine, nur wenige Millimeter lange Arten mit 11gliedrigen Fühlern. Auf dem Vorderflügel nur eine geschlossene Kubitalzelle. Das Weibchen hat eine nadelartige Legeröhre. Die Larven parasitieren in holzbewohnenden Käferlarven.
Familie: *Orussidae*

**Überfamilie Halmwespenartige – Cephoidea.** Kleine, schlanke Arten mit manchmal seitlich zusammengedrücktem Hinterleib. Die Larven mit verkümmerten Gliedmaßen leben in verschiedenen Pflanzen.
Familie: Halmwespen *(Cephidae)*

**Überfamilie Blattwespen – Tenthredinoidea.** Imagines unterschiedlich groß und gefärbt, oft dunkel, gelblich, aber auch metallfarben. Fühler mit unterschiedlicher Gliederzahl, mindestens 3 *(Argidae)*, häufig 9 *(Tenthredinidae)* und über 18 *(Diprionidae)*. Manchmal sind die Fühler gekeult *(Cimbicidae)*. Artenreichste Familie. Die Bestimmung der zahlreichen Arten ist sehr schwierig.
Familien: Hirnwespen *(Argidae)**; *Blasticotomidae;* Knopfhorn-Blattwespen *(Cimbicidae)**; Buschhornblattwespen *(Diprionidae)**; Blattwespen *(Tenthredinidae)**

## 2. Unterordnung Taillenwespen (Apocrita)

Die Körperhinterpartie ist von der Vorderpartie scharf abgegrenzt und oft durch ein dünnes Stielchen mit dem Vorderteil verbunden. Das Weibchen ist mit einem Legebohrer ausgestattet (Gruppe *Terebrantes*), der entweder frei hervorsteht oder einziehbar ist, bzw. ist der Legebohrer zu einem Stachel umgebildet (Gruppe *Aculeata*), der dem Tier zu Verteidigung und Betäubung der Beute dient. Larven beinlos.
Bei zahlreichen Gruppen finden sich in verschiedenen Abstufungen ausgeprägte Brutfürsorge und Brutpflege. Einige Arten bilden Staaten, andere sind als Schadinsekten-Parasiten sehr nützlich. In Europa gibt es insgesamt 18 Überfamilien, das System ist bisher noch nicht einheitlich.

**Überfamilie Trigonaloidea.** Schwarz gefärbte Imagines mit fleckigen Flügeln, kleinen Wespen ähnlich. Fühler ca. 24 Glieder. Entwicklung beträchtlich kompliziert, die Larven leben als Hyperparasiten.
Familie: *Trigonalidae*

**Überfamilie Ichneumonoidea.** Sehr artenreiche Gruppe kleiner, mittelgroßer und großer Arten (in Europa einige tausend vielfach äußerst schwierig zu bestimmende Arten). Die Färbung ist manchmal unscheinbar, dunkel, in anderen Fällen bunt. Fühler in der Regel mehr als 16gliedrig. Wichtiges Bestimmungsmerkmal ist Vorhandensein und Form der sog. Areole im Vorderflügel. Einige Arten sind mit langem Legebohrer ausgerüstet. Die meisten

sind Parasiten in Larven und Puppen von Insekten, gegebenenfalls auch von anderen Gliederfüßern. Normalerweise sehr nützliche Arten.
Familien: Blattlauswespen *(Aphidiidae)*, Schlupfwespen *(Ichneumonidae)* *, Brackwespen *(Braconidae)* *, *Agriotypidae*

**Überfamilie Stephanoidea.** Vorwiegend in Afrika verbreitet, in Europa (auch in Deutschland) selten.
Familie: *Stephaniidae*

**Überfamilie Evanoidea.** In der Form recht vielgestaltig, gemeinsames Merkmal ist der kleine, seitlich zusammengedrückte, stielartig hoch über den Hüften an den Vorderkörper angesetzte Hinterleib.
Familien: Hungerwespen *(Evaniidae)*, Schmalbauchwespen *(Gasteruptiidae)*, *Aulacidae*

**Überfamilie Gallwespen (Cynipoidea).** Sehr kleine, nur wenige Millimeter lange Arten, ausdruckslos dunkelbraun, gelbbraun bis rötlich gefärbt. Flügel ohne Flügelmal, dafür mit großer, auffällig schräger Radialzelle. Fühler 13- bis 19gliedrig. Hinterleib seitlich zusammengedrückt. Die Arten parasitieren auf Pflanzen und Insekten. Die gallenbildenden Arten haben eine komplizierte Entwicklung (Heterogonie). Bei ihnen leben Inquilinen (gleichfalls Gallwespen), d. h. Arten, die keine eigene Galle hervorbringen, sondern sich in der Galle einer anderen Art entwickeln.
Familien: Gallwespen *(Cynipidae)* *, *Ibaliidae, Eucoilidae, Figitidae.*

**Überfamilie Erzwespen (Chalcidoidea).** Winzige, 1–3 mm und größere Arten mit stark reduziertem Flügelgeäder, das aus der teilweise parallel zum Rand verlaufenden Subkostalader und einem kopfartig verbreiterten Radius besteht. Die Larven leben als Ekto- oder Endoparasiten von verschiedenen Insekten, vor allem von Schild- und Mottenläusen u. a. Beträchtliche Bedeutung als natürliche Regulierer von Schadinsekten. Einige Arten werden gezüchtet und in schädlingsbefallenen Gebieten ausgesetzt (Biologische Schädlingsbekämpfung).
Familien: *Chalcididae; Leucospididae; Perilampidae; Eucharitidae; Pteromalidae; Eupelmidae; Encyrtidae; Eurytomidae; Torymidae* *; *Ormyridae; Agaonidae* (nur in Südeuropa und im Mittelmeergebiet lebende Arten). *Tetracampidae; Eulophidae; Elasmidae; Aphelinidae* *; *Trichogrammatidae; Signiphoridae; Mymaridae.*

**Überfamilie Proctotrupoidea.** Meist kleine (0,2–5 mm, selten mehr), schwarz oder braun gefärbte Arten ohne Metallglanz, mit reduziertem Flügelgeäder. Die Larven leben als Parasiten verschiedener Insekten.
Familie: *Heloridae; Proctotrupidae; Diapriidae; Scelionidae; Serphitidae; Platygasteridae.*

**Überfamilie Ceraphronoidea.** Sehr kleine (0,5–4 mm), meist dunkel gefärbte Arten. Flügel mit oder ohne großes Flügelmal. Bisher noch nicht zufriedenstellend erforscht. Die Larven parasitieren verschiedene Insekten.
Familien: *Megaspilidae; Ceraphronidae.*

**Überfamilie Scolioidea.** Kleinere bis große (40 mm) Arten. Ihr Mundapparat ist zu einem Saugrüssel langgezogen, mit dem sie auch in tiefe Blüten gelangen. Die Fühler des Männchens sind gerade, die der Weibchen spiralig oder herzförmig gekrümmt. Das Flügelmal ist manchmal undeutlich, manche Arten sind ungeflügelt. Das bewimperte vordere Grabbeinpaar dient zum Einwühlen ins Erdreich vor der Übernachtung und den Weibchen zum Vordringen zur Beute, die meist aus bodenbewohnenden Blatthornkäferlarven besteht.
Familien: Dolchwespen *(Scoliidae)* *, *Tiphiidae, Methochidae.*

**Überfamilie Sapygoidea.** Die Färbung erinnert an Faltenwespen, zu denen sie früher gezählt wurden. Die Flügel werden nicht längs gefaltet. Die Larve parasitiert bei Einsiedlerbienen.
Familie: *Sapygidae*

**Überfamilie Chrysidoidea.** Kleine bis mittelgroße Arten, entweder völlig oder teilweise metallfarben. Fühler 13gliedrig. Bei den Weibchen kann man am Hinterleib 3–4, bei den Männchen 3–5 Segmente ausmachen. Die Hinterleibsunterseite ist konkav *(Chrysididae).* Die Larven leben als Parasiten der Larven von Säge- und Grabwespen, Erdbienen usw.
Familien: Diebswespen *(Cleptidae),* Goldwespen *(Chrysididae)* *.

**Überfamilie Bethyloidea.** Gestreckte Körper, es gibt geflügelte und auch ungeflügelte Arten. Ihre Biologie ist bislang weitgehend unbekannt. Die Larven entwickeln sich parasitisch in verschiedenen Insekten.
Familien: *Bethylidae, Dryinidae, Embolemidae.*

**Überfamilie Mutilloidea.** Mittelgroße und kleinere Arten, oft behaart und auffällig gefärbt. Männchen meist geflügelt, Weibchen flügellos. Die Larven entwickeln sich als Larvenparasiten verschiedener Hautflügler, z. B. Hummeln, Erdbienen, Grabwespen usw.
Familien: *Apterogynidae;* Spinnenameisen *(Mutillidae)* *; *Myrmosidae.*

**Überfamilie Ameisen (Formicoidea).** Kleinere, evtl. mittelgroße Arten, meist gelb, bräunlich, schwarzbraun bis schwarz. Die Fühler sind deutlich gekniet, höchstens 15gliedrig. Der Stiel zwischen Körpervorder- und -hinterteil ist entweder eingliedrig bzw. zweigliedrig knotig oder trägt eine schräg aufwärts ragende Schuppe. Die Arten haben eine soziale Lebensweise. Das Nest wird immer von einem Weibchen gegründet; entweder selbständig oder durch Eindringen in ein Nest der gleichen bzw. einer anderen Amei-

senart. Im Nest leben drei Kasten: eine oder mehrere Königinnen (mono- oder polygynes Nest), Arbeiterinnen und zu einer bestimmten Zeit auch Männchen. Das Weibchen (Königin) ist ursprünglich geflügelt, nach dem Hochzeitsflug verliert es die Flügel. Die Arbeiterinnen sind entweder alle gleich oder weisen mehrere Formen auf (Arbeiterinnen mit großem Kopf werden üblicherweise als Soldaten bezeichnet). Ameisen sind Allesfresser, oft halten sie Blattläuse wegen deren süßen Ausscheidungen (Honigtau). Einige Arten sind nützlich, die Gattung *Formica* steht unter Naturschutz.
Familien: Ameisen *(Formicidae)* *, *Dolichoderidae, Poneridae, Myrmicidae* *.

**Überfamilie Pompiloidea.** Meist schwarz gefärbt. Hinterleib z. T. rot. Das Weibchen gräbt für die Larvenentwicklung unterirdische Höhlen, die es mit gelähmten Spinnen versorgt. Nur einige *Ceropalidae* parasitieren in Wegwespen-Nestern.
Familie: Wegwespen *(Pompilidae); Ceropalidae.*

**Überfamilie Vespoidea – Wespen.** Mittelgroße bis große Arten, auffällige gelb-dunkle Farbkombinationen, Augen nierenförmig. Die Flügel werden über dem Körper längs zusammengelegt. Fühler des Männchens 13gliedrig, des Weibchens 12gliedrig. Sie nisten entweder solitär oder sozial. Sozial lebende Arten bauen papierartige Nester. An der Spitze des Staates steht eine Königin. Einige solitäre Arten kleben für die Nachkommen Gefäße aus Lehmmasse zusammen, die sie an der Vegetation, an Fels usw. befestigen; andere Arten entwickeln sich in Lehmböschungen, altem Holz oder Brombeerzweigen. Das Weibchen versorgt die Larven mit gelähmten Raupen oder Käferlarven. Die sozialen Arten sind durchweg Räuber, Weibchen und Arbeiterinnen jagen als Nahrung für die Larven Fliegen und Raupen. In diesem Lebensabschnitt sind sie beträchtliche Nützlinge.
Familien: Lehmwespen *(Eumenidae)* *; Faltenwespen *(Vespidae)* *; *Masaridae.*

**Überfamilie Sphecoidea.** Mittelgroße und große Arten. Weibchen mit 12gliedrigen Fühlern, Männchen meist 13gliedrig. Färbung ganz unterschiedlich, häufig Kombinationen schwarz-gelb, auch rot-schwarz. Zur Versorgung der Nachkommenschaft werden verschiedene Insektenlarven, aber auch Spinnen gejagt, die paralysiert und in ein Erdnest gebracht werden.
Familie: Grabwespen *(Sphecidae)* *

**Überfamilie Apoidea – Bienen.** Mittelgroße, kleine und große Arten, oft verschiedenfarbig dicht behaart. Der Mundapparat ist zu einem unterschiedlich langen Saugrüssel umgebildet, mit dem sie auch die Nektarien am Grund von Röhrenblüten erreichen. Sie leben entweder sozial oder solitär. Soziale Arten bilden einen Staat mit einer Königin. Bei den solitären Arten hebt das Weibchen ein Nest aus und versorgt die künftigen Larven mit Nahrung. Ei-

nige Arten legen selbst kein Nest an und entwickeln sich in den Nestern von solitären Bienen und Hummeln. Bienen und Hummeln sind wichtige Bestäuber für insektenbestäubende Pflanzen. Einige Arten (Gattung *Bombus*) stehen unter Naturschutz.
Familien: Ur- und Seidenbienen *(Colletidae)* *; *Andrenidae* *; Furchenbienen *(Halictidae)* *; *Melittidae* *; *Megachilidae* *; *Anthophoridae* *; Echte Bienen *(Apidae)* *.

## Die Bedeutung der Hautflügler für den Menschen

Die meisten Menschen und darunter auch viele Naturfreunde wissen gar nicht, wie wichtig die Hautflügler für sie sind. Dabei gebührt ihnen in verschiedener Hinsicht der erste Platz unter den Insekten.

**Bestäuber.** Honigbienen, solitäre Bienen und Hummeln und in geringerem Umfang auch Angehörige anderer Gruppen, besorgen zum großen Teil die Bestäubung der insektenblütigen Pflanzen. Ohne ihre unermüdliche Tätigkeit würden Obstbäume keine Früchte tragen, und eine große Zahl anderer Pflanzen brächte keine Samen hervor. Der Pollen setzt sich dabei auf der Körperbehaarung fest, und das Insekt überträgt ihn beim Besuchen der Blüten auf die Narben. Die Bienen und ihre Verwandten besuchen die Blüten natürlich nicht zur Bestäubung, sondern kommen hauptsächlich wegen ihres Hungers auf Nektar und Pollen. Nektar und Pollen sind für viele Hautflügler die Hauptnahrung. Bei räuberischen Arten ernähren sich wenigstens die Männchen von der von den Blüten angebotenen Nahrung. Aber auch die Weibchen nehmen gelegentlich süße Säfte an. Ein Brei aus Pollen und Nektar dient überdies den Larven als Nahrung. Er wird entweder vom Muttertier vorher in ausreichender Menge zubereitet (bei solitären Arten) bzw. nur in kleiner Menge für den Anfang, dann kümmern sich die Arbeiterinnen um diese Aufgabe (bei den Hummeln).
**Honig.** Die Bienen bringen Nektar in ihre Stöcke ein und verwandeln ihn zu Honig, der als Nahrungsvorrat für das Bienenvolk gedacht ist. Dies macht sich der Mensch zunutze und nimmt den Bienen den Honig weg. Der Rohstoff zur Honigherstellung wird nur sehr langsam zusammengetragen. Wenn man ein Kilogramm Honig kauft, denkt man sicher nicht daran, daß die Bienen zu seiner „Herstellung" Nektar aus rund 6 Millionen Rotkleeblüten oder 5 Millionen Wickenblüten bzw. über anderthalb Millionen Robinienblüten saugen mußten. Honig ist biologisch hochwertig und leicht verdaulich, da die in ihm enthaltenen Zucker nicht erst verdaut werden müssen, sondern unmittelbar vom Verdauungstrakt aufgenommen werden. Bekannt ist auch seine antibakterielle Wirkung. Die Bienen bilden den gesammelten Nektar (und Honigtau) durch komplizierte biochemische Prozesse in ihrem Organismus zu Honig um. Einerseits entziehen sie ihm dadurch weitgehend Wasser, andererseits kommt es durch die Einwirkung von Fermenten zur

Umwandlung von Saccharose in einfache Zucker – in Trauben- und Fruchtzucker. Die Sammlerinnen, in deren Honigsack es bereits zur Verdichtung des Nektars und zur Umwandlung in Zucker kommt, übergeben den Nektar im Bienenstock den Stockbienen zur Weiterverarbeitung. Diese dicken ihn allmählich ein, bis er nicht mehr als 20% Wasser enthält. Der Honig wird in die Zellen der Waben eingelagert und mit dicht anliegenden Wachsdeckelchen verschlossen.

**Wachs.** Die Honigbienen scheiden aus Drüsen im Hinterleib Wachs ab, das sie als Baumaterial für ihr Nest verwenden. Die prozentual größte Wachsmenge enthält die jüngste Wabe, und zwar bis zu 98%. Ältere Waben enthalten verschiedene Beimengungen, und der Wachsgehalt sinkt. Bienenwachs wird durch Schmelzen der Waben gewonnen und einerseits zur Bildung von Wabenzwischenwänden, andererseits von der Kerzenindustrie, in der Kosmetik usw. verwendet.

**Propolis oder Kittharz** ist eine Mischung aus Wachs und verschiedenen Harzen aus den Knospen von Pappeln, Tannen, Roßkastanien und anderen Pflanzen. Die Bienen benutzen es zum Verschließen von Rissen und zur Imprägnierung der Stockwandung. Allmählich findet es auch als bakterientötender Stoff Eingang in die Medizin.

**Pollen** wird neuerdings auch für den menschlichen Genuß verarbeitet; er liefert Vitamine sowie weitere biologisch bedeutsame Stoffe.

**Bienengift und Weiselfuttersaft** (Gelee Royale) werden immer wichtiger in der pharmazeutischen und der Kosmetikindustrie.

Bienengift wird in einer Giftdrüse ausgeschieden und ist zusammen mit anderen Stoffen in der Flüssigkeit enthalten, die die Biene beim Stich durch den Stachel ausscheidet. Auf die verschiedenen Lebewesen hat das Gift eine ganz unterschiedliche Wirkung. Bei einigen – z.B. bei verschiedenen Hautflüglern – tritt unmittelbar nach dem Stich der Tod ein; ein Bienenstich kann aber auch größeren Tieren gefährlich werden. Bekanntlich sind auch manche Menschen gegen Bienengift allergisch. Bienengift ist ein wichtiger Rohstoff zur Herstellung einiger Medikamente gegen rheumatische Erkrankungen, verschiedene Allergien u.ä.

Weiselfuttersaft entsteht in den Futtersaftdrüsen junger Bienen. Er ist ein hochwertiger, leicht verdaulicher Eiweißstoff, mit dem die ganze Entwicklungszeit über die Larven der künftigen Königinnen gefüttert werden. Die übrigen Larven bekommen ihn nur kurze Zeit. Der Weiselfuttersaft dient auch der Bienenkönigin (Weisel) als Nahrung. Der Erforschung des Weiselfuttersaftes wurde viel Aufmerksamkeit geschenkt. Wegen seiner chemischen Zusammensetzung wurde er von der pharmazeutischen Industrie zur Herstellung von Heilmitteln genutzt, die z.B. bei der Therapie von Gefäß-, Atemwegerkrankungen u.a. angewendet werden. Weiselfuttersaft ist auch Bestandteil verschiedener kosmetischer Präparate mit Kräftigungs- und Regenerationswirkung.

## Natürliche Feinde und biologische Schädlingsbekämpfung

In der Natur haben Tausende von Schlupf- und Brackwespenarten eine beträchtliche Bedeutung, da sie sich als Parasiten von verschiedenen Insekten, und zwar sehr oft in Wald-, Feld- und Gartenschädlingen, entwickeln. Sie gehören zu den wichtigen natürlichen Schädlingsregulierern in der Natur. Für den Menschen außerordentlich wichtig sind auch die mehrere hundert Erzwespenarten, deren Larven sich entweder als Ektoparasiten oder als Endoparasiten von Insekten entwickeln. Sie sind sehr zahlreich, doch bekommt man sie nur selten zu Gesicht, auch wenn sie in unmittelbarer Nähe des Menschen in Gärten, Wäldern und Feldern leben. Zu Hause lassen sie sich aber leicht aus allen möglichen Blattläusen und Schildläusen oder anderen Insekten aufziehen. Den Erzwespen fällt eine ungeheure Schädlingsmenge zum Opfer. Sie reduzieren deren Zahl bis zu dem Augenblick durchaus erfolgreich, in dem der Mensch selbst das biologische Gleichgewicht durch die Anwendung von Insektiziden stört. Die negative Wirkung solcher Eingriffe ist bereits hinreichend bekannt, doch wird erst die Zukunft zeigen, welches Verbrechen an der Natur durch die übermäßige Anwendung chemischer Gifte begangen wurde.
Es werden daher immer mehr Anstrengungen unternommen, um biologische Schädlingsbekämpfungsmethoden anzuwenden. Dabei wird gerade der Umstand genutzt, daß sich viele Erzwespenarten im Larvenstadium von verschiedenen Schadinsekten ernähren. Diese Parasiten lassen sich in Insektarien in großem Ausmaß züchten, und bei umfangreicherem Schädlingsvorkommen werden sie auch in weit entfernten Gebieten ausgesetzt. Für die biologische Schädlingsbekämpfung sind nicht einmal die Ozeane ein Hindernis. Diese Nützlinge wurden verschiedentlich sogar aus Nordamerika nach Europa gebracht und von Europa nach Nordamerika. Man kümmert sich heute um die Erforschung dieser kleinen, nützlichen Erzwespenarten, man beobachtet ihre Lebensweise und ist bestrebt, sie so wirkungsvoll wie nur möglich bei der Schädlingsbekämpfung einzusetzen. Es bleibt dabei nicht bei der biologischen Bekämpfung, sondern man versucht es auch mit integrierter Schädlingsbekämpfung, bei der versucht wird (nicht immer sinnvoll und erfolgreich), sowohl Parasiten als auch Insektizide anzuwenden.
Unter den Hautflüglern gibt es natürlich auch einige schädliche Arten wie z. B. Pflanzenwespenlarven. Ihre negative Tätigkeit ist aber im Hinblick auf den großen Nutzen der weitaus meisten Hautflügler für den Menschen ganz unerheblich.

## Zu den Bildern dieses Buches – Insektenfotografie

Unser Naturführer enthält sowohl Zeichnungen als auch Fotos. Jede dieser Abbildungstechniken hat ihre Vor- und Nachteile, jede kann etwas anderes zeigen. Die Fotografie hält die Tiere in ihrer natürlichen Umgebung und in natürlicher Haltung fest – in Ruhe, auf Nahrungssuche, bei der Nahrungsaufnahme, Eiablage usw. Dabei hat das Insekt in der Regel aber die Flügel flach auf dem Körper zusammengelegt, so daß Gesamtfärbung des Hinterleibes, Größe, Form, Aderung bzw. Färbung der Flügel und andere Merkmale nicht sichtbar sind. Auf der Zeichnung nach einem präparierten Exemplar kann man alle diese Merkmale gut ausarbeiten; sie sind dann bei der Bestimmung entscheidend wichtig.
Für dieses Buch wurden stets nur lebende Hautflügler fotografiert, was in manchen Fällen auf Kosten der Bildschärfe ging. Viele Aufnahmen wurden in freier Natur gemacht, andere im Labor, aber stets auf einer Pflanze, auf der die Angehörigen der jeweiligen Art in der Natur vorkommen. Das Fotografieren in der freien Natur hat verschiedene Tücken. Größtes Hindernis ist der Wind, der das Scharfstellen erschwert. Auch die Wahl des Hintergrundes ist nicht selten problematisch, das fotografierte Insekt verschwindet leicht vor dem Pflanzengewirr. Man braucht also weitere helfende Hände, die vorsichtig einen Bogen helles Farbpapier hinter das zu fotografierende Objekt bringen. Auf jeden Fall muß man immer schnell und trotzdem behutsam arbeiten.
Die Aufnahmen wurden auf Agfachrome-Film 50 S im Format 6 × 6 mit einer Pentacon Six gemacht. Die Kamera allein reicht natürlich bei weitem nicht aus. Nahaufnahmen erfordern weiteres Zubehör, mit dem man ganz nahe ans Objekt heran kann. Normalerweise sind das einer oder mehrere Zwischenringe oder ein Balgengerät, gute Dienste leistet auch ein Umkehrtubus oder Umkehrring. Mit einem Ende wird er an der Kamera befestigt, mit dem anderen am Objektivfiltergewinde so angesetzt, daß die hintere Objektivlinse dem fotografierten Objekt zugewandt ist. Belichtet wird mit einem Doppeldrahtauslöser, der sowohl automatisch die Blende im Objektiv als auch den Verschluß betätigt.
Bei Nahaufnahmen muß man eine möglichst hohe Blendenzahl wählen, das ist für die Schärfe wichtig. Beim Abblenden und bei der Verwendung von Zwischenringen geht allerdings Licht verloren. Man muß daher zu einem Gerät greifen, das aus der Makrofotografie nicht mehr wegzudenken ist, zum Elektronenblitz. Gute Dienste leisten zwei Blitze, die zu beiden Seiten des Objektivs angeordnet sind, einer davon kann etwas stärker sein. Beide müssen gleichzeitig aufleuchten, dafür gibt es Synchronisatoren. Sehr praktisch ist auch ein Ringblitz, der direkt aufs Objektiv geschraubt wird. Mit ihm vermeidet man Schatten, doch eignet er sich nicht zum Fotografieren von glänzenden Tieren, da das Licht auf ihnen kreisrunde helle Flecken entstehen läßt. Ein allgemein gültiges Patentrezept zum Gebrauch von Elektronenblitzen

gibt es nicht, auch hochmoderne sensorgesteuerte Blitzgeräte sind nicht immer ideal.
Die Makrofotografie erfordert weit mehr als andere Fototechniken nicht nur Geschicklichkeit, sondern auch gewisse Grundkenntnisse vom Leben der fotografierten Tiere. Gelungene Aufnahmen bereiten aber auch oft mehr Freude als Sammlungsstücke. Sie behalten ihre Farbe, und im Gegensatz zum gesammelten Tiermaterial, das überall von Schädlingen bedroht wird, verderben sie nicht so schnell.
Bei der Makrofotografie wird viel Filmmaterial verbraucht. Bei falscher Blendenwahl wird oft die Farbe nicht richtig wiedergegeben, und wenn man einmal alles richtig gemacht hat, springt das Insekt gerade beim Auslösen auf, und die Aufnahme wird unscharf. Man braucht für erfolgreiche Fotos Begeisterung für die Sache, ein wenig Erfahrung und viel, viel Geduld!

## Orientierungsschlüssel zur Bestimmung der wichtigeren europäischen Hautflüglergruppen

1 (18) Hinterleib in ganzer Breite und Höhe mit der Brust verbunden. Arten stets geflügelt, Flügel mit reicher Aderung. In den Vorderflügeln ein Analfeld, in den Hinterflügeln mehrere Felder. Am Ende der Vorderschienen 1 oder 2 Sporen. Weibchen haben unterschiedlich lange Legeröhren .......... **Unterordnung Symphyta**

2 (3) Fühler 3gliedrig, letztes Glied auffallend lang. Dunkel, metallisch und hell gefärbte kleinere Arten ... **Familie Argidae**

3 (2) Fühler mehr als 3gliedrig

4 (5) Fühler gekeult, kurz. Meist große, gedrungene Arten ............................. **Familie Knopfhorn-Blattwespen (Cymbicidae)**

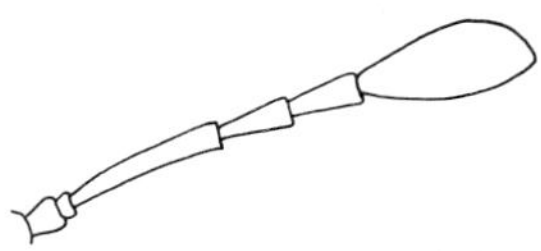

5 (4) Fühler anders als gekeult

6 (7) An die ersten 3 normal gestalteten Fühlerglieder schließen 9 sehr kleine Glieder an. Kleine Arten ................................... **Überfamilie Xyeloidea**

7 (6) Fühler anders gestaltet

8 (15) Pronotumhinterrand halbkreisförmig

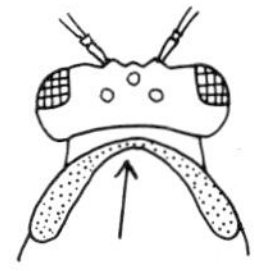

9 (10) Kopf durch einen langen Hals mit der Brust verbunden. Nur einige Arten ...... ................. **Familie Xiphydriidae**

10 (9) Kopf nicht durch einen langen Hals mit der Brust verbunden

11 (12) Fühler einfach oder doppelt gekämmt (♂) oder kurz, gesägt (♀), mindestens 18gliedrig. Auf Nadelbäumen ............... ....... **Familie Buschhornblattwespen (Diprionidae)**

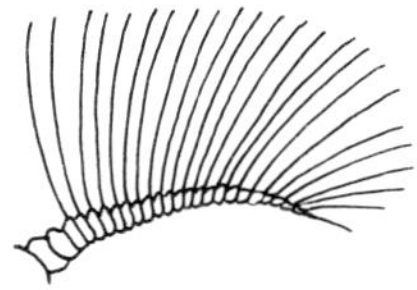

12 (11) Fühler weder gekämmt noch gesägt, normalerweise 9 Glieder

13 (14) Am Ende der Vorderschiene ein einziger Sporn. Gedrungene, große Arten, die geräuschvoll fliegen. Weibchen mit unterschiedlich langer Legeröhre ausgestattet ........ **Familie Holzwespen (Siricidae)**

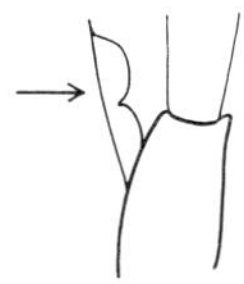

14 (13) Am Ende der Vorderschiene 2 Sporen. Fühler meist 9gliedrig. Kleine und größere Arten in mehreren Unterfamilien. Bestimmung bei vielen schwierig ....... **Familie Blattwespen (Tenthredinidae)**

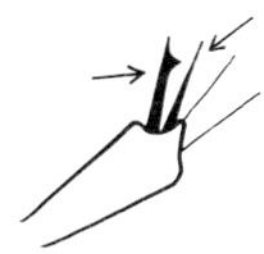

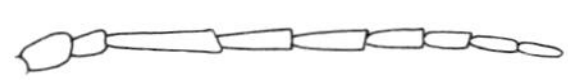

15 (8) Pronotumhinterrand nicht halbkreisförmig, sondern nur leicht gekrümmt

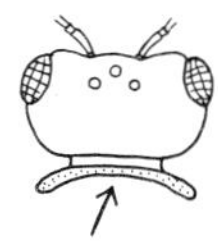

16 (17) An der Vorderschiene nur 1 Sporn. Schmale Arten ............... ............................. **Familie Halmwespen (Cephidae)**
Hinterleib dorsoventral (von oben) abgeplattet. Artenarme Familie . ................. **Familie Gespinst-Blattwespen (Pamphiliidae)**

17 (16) An der Vorderschiene 2 Sporen.

18 (1) Hinterleib, genauer gesagt, Körperhinterteil, nicht in voller Höhe und Breite mit dem Vorderteil verbunden. Zwischen beiden befindet sich ein deutlicher Einschnitt; oft sind sie durch ein Stielchen, evtl. zweigliedriges Stielchen verbunden. Zwar meist geflügelt, einige Gruppen oder Arten sind wenigstens in einem Geschlecht (Kaste) flügellos. Flügeladerung einfacher, oft sogar weitgehend reduziert (hauptsächlich bei den kleinen parasitischen Erzwespen, Zehrwespen u. a.). Das Analfeld auf dem Vorderflügel ist nicht ausgebildet oder nicht geschlos-

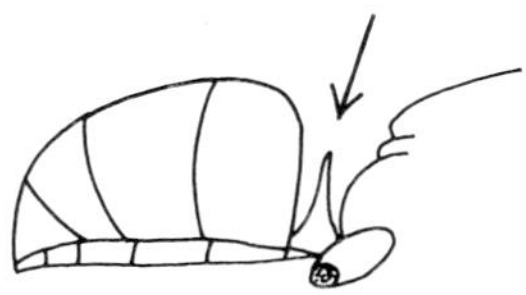

sen. Am Vorderschienenende ein einziger Sporn ............................
.............. **Unterordnung Apocrita**

19 (38) Arten geflügelt

20 (21) Überwiegend metallisch gefärbte Körper, auf der Oberfläche reiche, feine Skulpturen. In diesem Fall ist die Hinterleibsunterseite ausgehöhlt, von oben sind nur 3–4 Hinterleibssegmente zu sehen. Wärmeliebende, emsig fliegende Arten ..............................

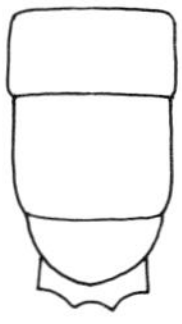

**Überfamilie Goldwespenartige (Chrysidoidea)**

21 (20) Am Einzelexemplar überwiegt die Metallfärbung nicht. Falls ja, sind auf der Hinterleibsrückenseite mehr als 3–4 Segmente zu sehen, der Hinterleib ist nicht von unten ausgehöhlt.

22 (23) Vorderflügeladerung beträchtlich reduziert. Vorwiegend sehr kleine Arten, Innen- oder Außenparasiten verschiedener Insekten:

a (b) Metallfärbung des Körpers überwiegt ..............................
.............. **Überfamilie Erzwespen (Chalcidoidea)**

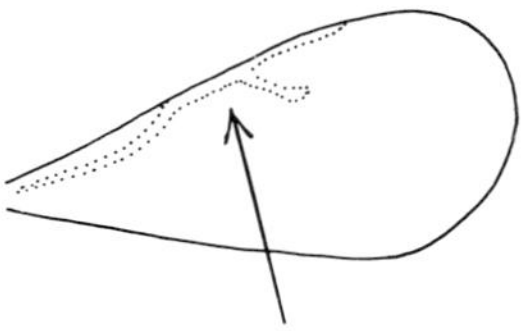

b (a) Körperfärbung ist nicht metallisch .
............. **Überfamilie Zehrwespen (Proctotrupoidea)**

23 (22) In der Vorderflügeladerung sind wenigstens die wichtigsten Längs- und Queradern enthalten

24 (25) Zwischen Körpervorder- und -hinterteil sitzt eine Schuppe oder ein knotiges Stielchen. Fühler gekniet. Meist gelb, braun oder schwarz gefärbte Arten, die gesellschaftsweise in Nestern leben [vgl. 39 (40)] ........................
**Überfamilie Ameisen (Formicoidea)**

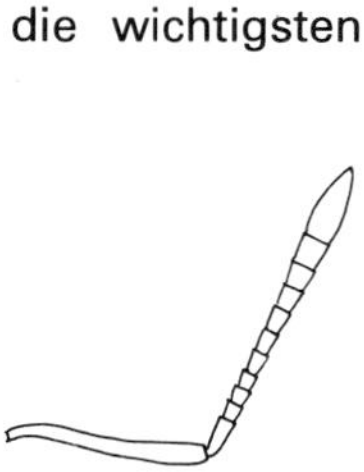

25 (24) Zwischen Körpervorder- und -hinterteil weder Schuppe noch knotiges Stielchen. Liegt eine stielartige Verbindung vor, hat sie andere Form (z. B. glockenförmig)

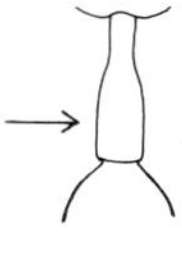

26 (27) In der Aderung des Vorderflügels fehlt die Kostaladerbasis. Pterostigma (Flügelmal) fehlt, Pterostigmafeld schräg, zur Flügelbasis verschoben. Hinterleib hoch, seitlich gebläht. Kleine Arten mit 13–16gliedrigen Fühlern. Die Entwicklung verläuft auf komplizierte Weise in Gallen an verschiedenen Pflanzenorganen, sehr häufig auf Eichen. Nur kleine Arten .................. **Überfamilie Gallwespen (Cynipoidea)**

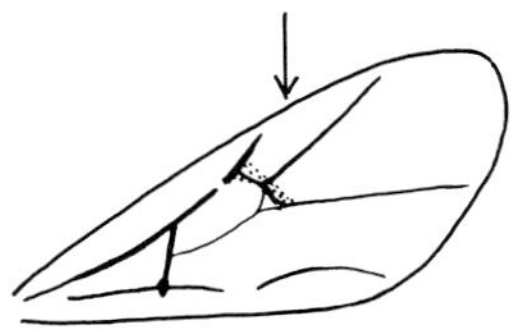

27 (26) Flügeladerung und Hinterleibsform von anderem Typ

28 (29) Vorderflügel in Ruhe längsgefaltet. In der Färbung wechseln Gelb und Schwarz ab, gelegentlich tritt Rot hinzu. Einige Arten leben gesellschaftsweise in Nestern, ♀ und ☿ stechen .................. ...................... **Überfamilie Faltenwespen (Vespoidea)**

29 (28) Vorderflügel in Ruhe nicht längsgefaltet

30 (31) Fühler haben mehr als 13 Glieder. Flügel reich geadert. Auf dem Vorderflügel ist manchmal eine Areole entwickelt. Hinterflügel ohne Basallappen. Kleine und große Arten, meist schlank. Weibchen mit unterschiedlich langem Legebohrer ausgestattet .......................

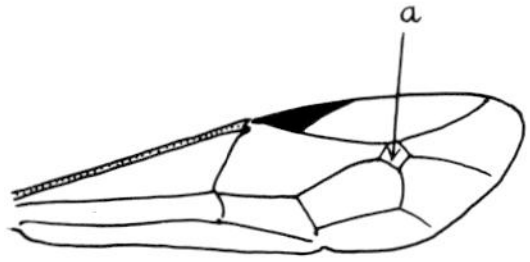


**Überfamilie Schlupfwespen (Ichneumonoidea)**

31 (30) Fühler hat maximal 13 Glieder. Kleine und größere Arten, in der Färbung überwiegt oft eine Gelbschwarz- oder Rotschwarzkombination, viele Arten sind bräunlich

32 (35) Pronotumhinterecken reichen bis zu den Tegula

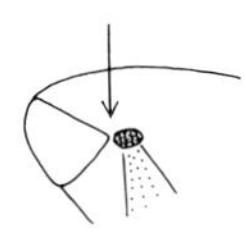

33 (34) Vorwiegend schwarze Arten mit rotem Hinterleib (einige kleine Bienenarten haben auch einen roten Hinterleib, unterscheiden sich aber in anderen Merkmalen!). Zwischen dem 1. u. 2. Hinterleibssternit befindet sich kein tiefer Einschnitt. Auf der Mittelbeinschiene 2 Sporen, Hinterbeine verlängert. Weibchen jagen und paralysieren Spinnen ................

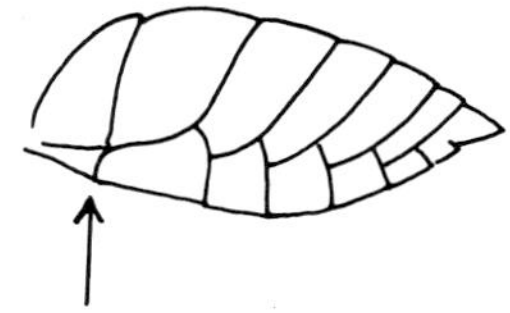

**Überfamilie Wegwespen (Pompiloidea)**

34 (33) Vorwiegend schwarze Arten mit gelber oder weißlicher Zeichnung. Zwischen 1. und 2. Hinterleibssternit sitzt ein tiefer Einschnitt. Flügelmal undeutlich. Cubital- und Medialader reichen nicht an den Flügelaußenrand. Wärmeliebende Arten ................................
...... **Familie Dolchwespen (Scoliidae)**

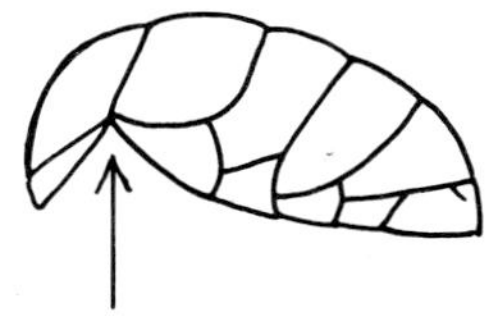

35 (32) Pronotumhinterecken reichen nicht bis zu den Tegula

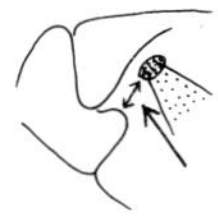

36 (37) Erstes Hinterfußglied zylindrisch, mit einem Putzdorn an der Basis. In der Färbung überwiegt eine Kombination von Schwarz mit Gelb oder Rot ............
............ **Überfamilie Grabwespen (Sphecoidea)**

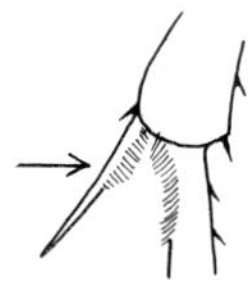

37 (36) Erstes Hinterfußglied platt, ohne Putzdorn, Körper mit langen, oft kräftig gefärbten Haaren bewachsen (hauptsächlich Hummeln, *Bombinae*) ..................... **Überfamilie Bienen (Apoidea)**

38 (19) Flügellose Arten *

39 (40) Zwischen Körpervorder- und -hinterteil entweder eine querliegende Schuppe oder ein Knotenstiel. Fühler gekniet mit langem Schaft (Scapus). Lebt gesellig [vgl. 24 (25)] .....................
......................... **Überfamilie Ameisen (Formicoidea)**

40 (39) Körpervorder- und -hinterteil sind weder durch Schuppe noch Knotenstielchen verbunden. Fühler ungekniet

41 (42) Hinterleib höher als breit, seitlich ausgebeult. Nur wenige mm lange Exemplare, lassen sich aus Gallen aufziehen [vgl. 26 (27)] ...
...................... **Überfamilie Gallwespen (Cynipoidea)**

42 (41) Hinterleib breiter als hoch, nicht nach den Seiten ausgebeult. Körper manchmal mit dichten Härchen bewachsen. Stechen .........
...................... **Familie Spinnenameisen (Mutillidae ♀)** (geflügelte Männchen sind nur selten anzutreffen)

---

* In den Schlüssel wurden keine ungeflügelten Arten der Überfamilien Schlupfwespen *(Ichneumonoidea)*, Erz-, Zehrwespen *(Chalcidoidea* und *Proctotrupoidea)* und *Bethyloidea* eingereiht, deren Bestimmung ohnehin eine gute Optik und eine umfangreiche Fachliteratur erfordert.

# Bildteil

Männchen: ♂
Weibchen (Königin): ♀
Arbeiterin: ☿

## Familie Pamphiliidae, Gespinst- oder Kotsack-Blattwespen

1, 2 **Acantholyda erythrocephala** L., Stahlblaue Kiefernschonungs-Gespinstblattwespe. – Vorwiegend in jungen, 10- bis 15jährigen Kiefernbeständen. Die Imago fliegt Ende April/Anfang Mai. Die Entwicklung verläuft an verschiedenen Kiefernarten, das Weibchen legt die Eier auf ältere Nadeln. Die glänzende grünlichgraue Larve hat drei Längsstreifen mit braunen Flecken. Die Larven ernähren sich von Nadeln und halten sich gemeinschaftlich in einem lockeren Gespinst auf den jungen Trieben auf, ausgewachsen messen sie rund 20 mm. Schon Mitte Juni verkriechen sie sich im Erdreich, wo sie sich eine Kammer anlegen, in der sie sich verpuppen. Entwicklungsdauer 1–3 Jahre. Männchen (**1**) und Weibchen (**2**) unterscheiden sich voneinander. Weibchen haben rotbraune Köpfe mit einem blauen Fleck zwischen den Ocellen, der Kopf des Männchens ist blau.
Verbreitung: Europa, in die USA eingeschleppt.
Länge: 10–12 mm, Flügelspannweite: 20–26 mm.

3, 4 **Cephalcia abietis** L., Fichten-Gespinstblattwespe. – Männchen und Weibchen in Gestalt und Färbung verschieden. Die Hinterleibs-Seitenränder des Männchens sind fast parallel, die des Weibchens (**3, 4**) gerundet. Bewohnt ältere und alte Fichtenwälder, hauptsächlich im Bergvorland und Gebirge; die Imago fliegt von Ende April bis Ende Juni. Das Weibchen legt etwa 100–120 Eier zu je 4–10 in einen Schlitz, den es mit seinem Legesäbel in vorjährige Fichtennadeln ritzt. Die Larven leben vergesellschaftet in bräunlichen Gespinstsäcken, die sie gemeinsam an ihren Wirtsbäumen spinnen. In diesem Sack geschützt, fressen sie die älteren Nadeln ab, und zwar von der Baumkrone abwärts. Im Sack lagern sie nicht nur ihren Kot ab, sondern auch Nadelreste und abgestreifte Larvenhäute. Im Laufe der Mast verbinden sich die Gespinstsäcke miteinander und sind deshalb am befallenen Baum schon von weitem auszumachen. Die herangewachsene Larve ist etwa 20–25 mm lang, meist sattgrün, manchmal bräunlich gefärbt. Gegen Sommerende fallen die Larven vom Baum und verkriechen sich 5–25 cm tief in den Boden, wo sie sich Wiegen anlegen. Darin ruhen sie etwa 3 Jahre, ehe sie sich verpuppen. Will man feststellen, ob sich eine Larve im nächsten Frühjahr verpuppt, muß man aufmerksam ihren Kopf betrachten. Sind da bereits scharf umgrenzte Puppenaugen entwickelt, verpuppt sich die Larve; sonst ruht sie noch ein weiteres Jahr.
Die Fichten-Gespinstblattwespe ist über einen Großteil der gemäßigten Zone Eurasiens verbreitet. Länge: ♀ 14 mm, ♂ 11 mm, Flügelspannweite: ♀ 22–27 mm, ♂ 20–24 mm.

5 **Neurotoma nemoralis** L., Steinobst-Gespinstwespe. – Häufig in Gärten. Die Weibchen (**5**) halten sich gern in den Kronen von Kirschen, Pflaumen, Aprikosen, Pfirsichen und anderen Steinobstbäumen auf, z. B. auch auf Schlehen. Sie legen etwa 60–70 Eier auf die Unterseite der jungen Blätter. Die Larven ernähren sich von Pflanzengewebe. In der ersten Phase (bis zur 1. Häutung) leben sie zusammen. Nach der ersten Häutung zerstreuen sie sich und verbergen sich in zusammengewickelten Blättern. Danach umspinnen sie die befallenen Blätter und schaffen so große Nester, in denen sich ihr Kot ansammelt. Ausgewachsene Larven lassen sich entweder an einem Faden herab oder kriechen vom Baum auf den Boden, in den sie sich zurückziehen, um dort einen Kokon anzulegen. Darin überwintern sie; Verpuppung im Frühjahr. Die Imago erscheint Ende April/Mai. Die Art bringt jährlich eine Generation hervor.
Vorkommen: überall in Europa. Länge: 8–10 mm, Flügelspannweite: 15–17 mm.

1 ♂

2 ♀

3 ♀

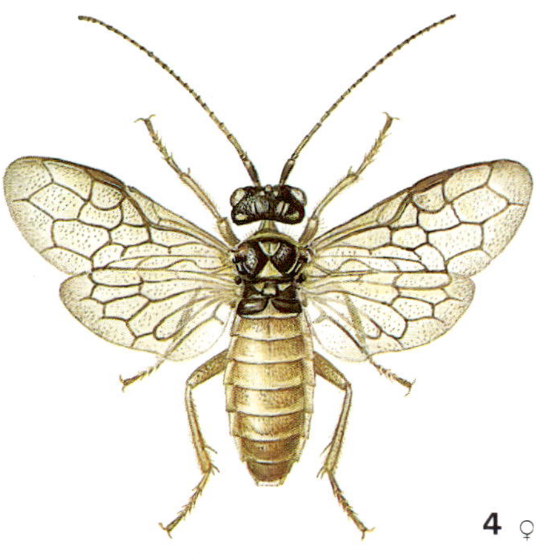

4 ♀

5 ♀

## Familie Siricidae, Holzwespen

1–3 **Sirex juvencus** (L.), Gemeine Holzwespe. – Geschlechtsdimorphismus (das Weibchen ist mit einem Legebohrer ausgestattet, der kleiner ist als der Hinterleib, **1**, **2**) und Sexualdichroismus (d. h. unterschiedliche Färbung der beiden Geschlechter). Im Gegensatz zum glänzend schwarzvioletten Hinterleib des Weibchens hat das Männchen (**3**) meist rotgelbe Hinterleibssegmente. Die Gemeine Holzwespe ist eine charakteristische Art der Nadelwälder, vor allem der Kiefernbestände, wo die Imago an sonnigen Tagen von Juni bis August auf Lichtungen umherfliegt. Zur Eiablage sucht sie Bäume auf, die bereits von irgendeinem Schädling (Borkenkäfer, Pilze) befallen oder von Wind oder Feuer beschädigt sind, sowie totes Holz. Der relativ kurze Legebohrer kann nicht allzu tief ins Holz vordringen, daher legt das Weibchen seine Eier vorwiegend auf jungen Kiefernstämmen oder bei älteren Bäumen auf Ästen mit dünner Rinde ab. Die Wespe bevorzugt Kiefern, doch nimmt sie auch mit Fichten oder Tannen vorlieb. Die Eizahl des einzelnen Weibchens schwankt beträchtlich (350–480), doch stets werden je zwei Eier abgelegt. Das Ei ist von einer Schleimschicht umhüllt, in der sich Sporen von Holzpilzen befinden, die im Körper des Weibchens in besonderen Säckchen aufbewahrt werden. Zusammen mit dem Ei gelangen die Sporen ins Holz. Das aus den Sporen keimende Myzel wuchert in den von den Larven genagten Gängen und ist für deren Ernährung von Bedeutung. Die Larvengänge sind anfänglich sehr schmal; ihre Breite nimmt zu, sobald die Larven größer werden. Die Larven dieser Holzwespenart nagen etwa 15–25 cm lange Gänge, die sie wieder mit Nagemehl vollstopfen. Hat sich die Larve ins Stamminnere vorgenagt, kehrt sie in Richtung auf die Holzoberfläche zurück, dort legt sie ihre Puppenwiege an, in der sie sich verpuppt. Auch in der Puppenwiege wachsen Pilzfäden, die rechtzeitig auch in die weibliche Puppe eindringen. Die Entwicklung dauert etwa 2–3 Jahre.

Die Art ist über einen großen Teil Europas verbreitet, bewohnt Nordafrika, die gemäßigte Zone Asiens und wurde auch in die australische Region eingeschleppt.

Länge: ♂ 12–28 mm, ♀ 15–30 mm.

4, 5 **Xeris spectrum** L., Schwarze Kiefernholzwespe. – Überwiegend schwarz gefärbt, nur auf der Vorderbrust sitzen beidseitig gelbe Flecken (**5**), Beine teilweise rotgelb. Der lang zylindrische Körper des Weibchens (**4**) ist mit einem Legebohrer ausgestattet, der etwa so lang wie der ganze Körper ist.

*Xeris spectrum* ist ein Bewohner von Nadelwäldern, hauptsächlich von Kiefernbeständen. Die Imago erscheint gelegentlich in Dorfgebäuden, wo sie aus Brennholz geschlüpft ist. Das Weibchen legt seine Eier bevorzugt in Kiefernholz, doch verschmäht es auch Fichten-, Tannen- oder Eichenholz nicht. Bei der Eiablage nutzt es auch Trokkenrisse im Holz, um Eier hineinzulegen. Die Larve ernährt sich von Zellulose; das Weibchen hat nämlich keine Behälter mit Holzpilzsporen im Körper, wie sie bei verschiedenen anderen Holzwespenarten bekannt sind. Die Larve überwintert im Holz, die Entwicklung dauert 2–3 Jahre.

Verbreitung: Großteil Europas, Sibirien, China und Japan. Länge: 30 mm.

1 ♀

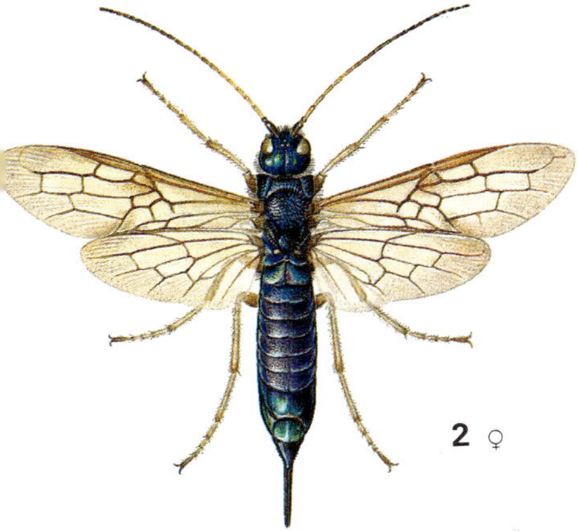
2 ♀

3 ♂

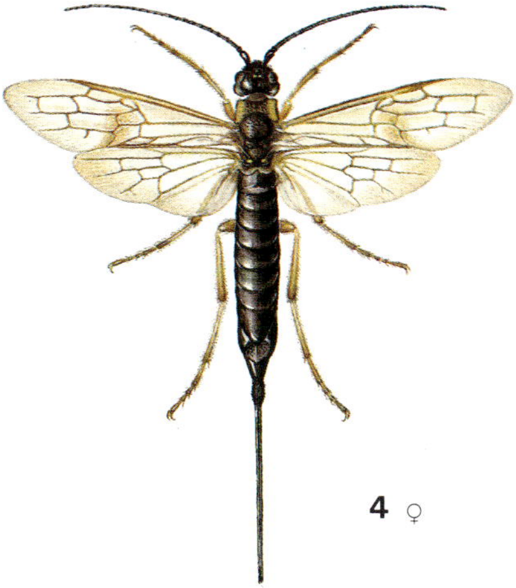
4 ♀

5 ♂

## Familie Siricidae, Holzwespen

1 **Urocerus gigas** (L.), Riesenholzwespe. – Gehört zu unseren größten Hautflüglerarten. Der zylindrische Körper des Weibchens endet in einem verhältnismäßig langen und starken, kompliziert gebauten Legebohrer (**1**). Die Riesenholzwespe zeichnet sich nicht nur durch Sexualdimorphismus, sondern auch durch Sexualdichroismus (geschlechtsgebundene Farbverschiedenheit) aus, die sich am stärksten in der unterschiedlichen Färbung des Hinterleibs bei den beiden Geschlechtern zeigt. Die Riesenholzwespe ähnelt zwei weiteren, annähernd gleich großen und robusten Arten, von denen sie sich am einfachsten durch die überwiegend schwarze Färbung des Kopfes unterscheiden läßt. Bei den beiden übrigen Arten ist der Kopf entweder ganz gelb *(U. augur)* oder gelb mit einer schwarz eingefärbten Furche *(U. phantoma).*

Die Riesenholzwespe ist ein Waldbewohner, der bevorzugt an lichten, sonnigen Stellen mit gefällten Stämmen lebt. Sie erscheint auch in Gebäuden auf dem Land, wo sie aus angefahrenem Holz geschlüpft ist. Die Riesenholzwespe fliegt schnell und geräuschvoll, vor allem an sonnigen Tagen in den Sommermonaten, manchmal zeigt sie sich bereits in der zweiten Maihälfte. Die „Wespenfärbung" – eine Schwarz-Gelb-Kombination – ruft bei den Menschen Respekt hervor, sie gehen daher der fliegenden oder sitzenden Riesenholzwespe lieber aus dem Weg. Sie ist aber völlig ungefährlich, da sie nicht stechen kann. Während der Eiablage suchen die Weibchen mit Vorliebe frisch gefällte, nicht entrindete oder aber kranke, noch lebende Nadelbäume auf. Das Weibchen stößt seinen Legebohrer senkrecht ins Holz und schiebt ihn 5–10 mm tief vor. Wenn man die Härte des Holzes und die Zerbrechlichkeit des Insektenkörpers in Betracht zieht, so ist das sicherlich eine bemerkenswerte Leistung. Ein Gelege enthält 4–8 Eier. Die Gesamtzahl aller von einem einzelnen Weibchen gelegten Eier schwankt beträchtlich und liegt zwischen 50 und 350. Die Larven schlüpfen nach etwa vier Wochen. Zuerst halten sie sich in der oberen Stammschicht auf, dringen später weiter ins Innere vor, um schließlich in der letzten Lebensphase wieder in die Nähe der Oberfläche zurückzukehren, wo sie sich schließlich in einer Wiege verpuppen. Die Rückkehr der Larve in Oberflächennähe ist für die geschlüpfte Imago wichtig, da sie es dort leichter hat, sich ins Freie durchzunagen. Die Larve hinterläßt beim Fraß einen Gang, den sie fest mit Nagespänen vollstopft; er kann bis zu 40 cm lang werden. Die ausgewachsene Larve ist fett, zylindrisch und weißlich gefärbt. Sie ist blind, hat drei kurze Brustgliedmaßenpaare und am Körperende einen braunen, kurzen, scharfen Dorn. Die Puppe ist nicht in einen Kokon gehüllt, gelbweiß, an ihr lassen sich gut die Körperanhänge der künftigen Imago erkennen. Die Entwicklung dauert 2–3 Jahre. Die geschlüpfte Imago nagt sich durch einen kreisrunden Gang aus dem Holz ins Freie. Schlupföffnungen an den Stämmen verraten die Anwesenheit der Riesenholzwespe. Die Riesenholzwespe tritt in manchen Jahren zahlreich auf, doch auch dann sind die von ihr angerichteten „Schäden" unerheblich.

Auf den Larven dieser Art parasitieren die Larven der großen Schlupfwespe *Rhyssa persuasoria,* die aber auch auf den Larven anderer Holzwespen schmarotzen.

Die Art ist über den größten Teil Europas verbreitet, in der gemäßigten Zone Asiens und in Nordafrika. Länge: ♂ 12–32 mm, ♀ 24–44 mm.

## Familie Xiphydriidae

2, 3 **Xiphydria camelus** (L.). Häufigste Art der ansonsten artenarmen Familie. Wie die übrigen Angehörigen hat auch *X. camelus* einen auffallend langen Hals. Die Art läßt sich verhältnismäßig einfach an den weißen Streifen auf dem Kopf ausmachen, die nicht bis an die Augen reichen. Als Wirtspflanze dienen meist Erlen, manchmal auch Birken, die Larven entwickeln sich im Holz. Gelegentlich treten sie in großer Zahl auf. Diese Holzwespenart ist über ganz Eurasien verbreitet. Länge: 10–21 mm.

1 ♀

2

3

## Familie Argidae

1, 2 **Arge rosae** (L.), Gelbe oder Gemeine Rosen-Bürstenhornwespe. – (Oft unter dem wissenschaftlichen Namen *Arge ochropus* angeführt.) Eine der Pflanzenwespenarten, die sich in Rosen entwickeln und an ihnen Schäden anrichten. Sie hat große Ähnlichkeit mit *Arge pagana,* die aber dunkle Beine hat. Bei der Rosen-Bürstenhornwespe sind Schenkel und Schienen fast gelb. Die Imago (**1, 2**) zeigt sich häufig auf blühenden Doldengewächsen. Der dreigliedrige Fühler mit kleinem 1. und 2. sowie langgestrecktem 3. Glied lohnt eine Betrachtung durch ein starkes Vergrößerungsglas.
Im Laufe eines Jahres bringt die Gelbe Rosen-Bürstenhornwespe normalerweise zwei Generationen hervor. Die Imago der ersten Generation erscheint im Mai, die zweite fliegt im Juli/August. Die Larvenentwicklung spielt sich auf der Heckenrose und verschiedenen Rosenzuchtformen ab. Das Weibchen der ersten Generation legt im Mai seine Eier in die Jungtriebe. Je 16–18 Stück werden in Spalten gelegt, die schließlich unter der Haut der Wirtspflanze eine Längsreihe bilden. So eine Stelle fällt als langgestreckte Kette ins Auge. Die geschlüpften Larven halten sich auf der Blattspreite auf, fressen an ihrem Gewebe, beschädigen aber die Unterschicht nicht. In der folgenden Entwicklungsphase fressen sie seitlich an der Blattspreite. Sie nehmen auf dem Blatt eine ganz charakteristische Stellung ein: Ihr Hinterleib ist entweder S-förmig aufgerichtet oder nach unten unter das Blatt gekrümmt. Die ausgewachsene Larve ist gedrungen und groß, mißt etwa 20 mm und ist mit 9 Gliedmaßenpaaren ausgestattet. Sie fällt von der Pflanze zu Boden und verpuppt sich in einem Kokon.
Die Gelbe Rosen-Bürstenhornwespe ist über ganz Europa, Sibirien und Kleinasien verbreitet. Länge: 7–10 mm

3 **Arge nigripes** (Retz.). Ähnelt noch einigen weiteren dunkel gefärbten Arten unserer Fauna. Bei der Bestimmung muß man auf die Aderung der Vorderflügel achten. Die Larven leben auf Rosengewächsen, die Imago (**3**) sitzt auf Kraut- und Holzpflanzen, z.B. auf Eichen.
Verbreitung: Ganz Europa. Länge: 7–9 mm.

## Familie Cimbicidae, Knopfhorn-Blattwespen

4, 5 **Cimbex femorata** (L.), Birken-Knopfhornblattwespe. – Meist schwarz (**4**), doch kommen auch anders gefärbte Exemplare vor. Manche Individuen haben am Hinterleib entweder gelbe Flecken oder einen dunkelroten Hinterleib. Längs des Vorderrandes des 1. Flügelpaares verläuft ein bräunlicher Saum. Die Imago ist auffallend plump, sie fliegt im Mai/Juni in Birkenwaldungen. Das Weibchen (**4**) legt die Eier einzeln in Birkenblätter, deren Gewebe es mit dem Legebohrer anritzt. Die langsame Afterraupe hat 11 Gliedmaßenpaare und ist hellgrün mit einem dunklen Streifen auf dem Rücken. Sie hält sich auf Birkenblättern auf; tagsüber ruht sie an der Blattunterseite, vorwiegend nachts frißt sie das Gewebe. Bei Bedrohung verspritzt sie aus kleinen Öffnungen unweit der Atemöffnungen (Stigmata) Blutflüssigkeit bis in eine Entfernung von 20 cm, wodurch sie den etwaigen Angreifer abschreckt. Im September sind die Afterraupen ausgewachsen, messen 45 mm und spinnen sich – sehr oft auf einem Zweig – einen länglichen dunkelbraunen Kokon, in dem sie überwintern und sich im Frühjahr verpuppen. Die Imago fliegt Ende April aus. Die Birken-Knopfhornblattwespe bringt eine Generation jährlich hervor. Auch bei stärkerem Vorkommen ist sie eine wirtschaftlich bedeutungslose Art.
Verbreitung: Ganz Europa und Sibirien. Länge: 20–28 mm.

1

2

3 ♂

4

5 ♂

## Familie Diprionidae, Buschhornblattwespen

**1–5 Diprion pini** L., Kiefern-Buschhornblattwespe. – Das Weibchen (**1, 3**) hat 19- bis 20gliedrige Fühler, die sich zur Spitze hin verjüngen, die 20- bis 21gliedrigen Fühler des Männchens (**2, 4**) sind beidseitig gekämmt.

Die Art ist ein Bewohner unterschiedlich alter Kiefernwälder, doch bevorzugt sie eher jüngere, bereits erkrankte Bestände auf schlechten Böden. Im Laufe des Jahres fliegt sie in einer oder auch zwei Generationen. Kommt nur eine einzige Generation zustande, erscheint die Imago im Juni/Juli, bei zwei Generationen im April/Mai und dann im Juli/August. Das Weibchen legt rund 100–150 Eier in Kiefernnadeln. Vor der Eiablage schneidet es mit dem Legesäbel die Nadel an, um in die so geschaffene Ritze bis zu 20 Eier zu legen, die es dann mit einem besonderen Schutzkitt überzieht. Im Frühjahr werden die Eier in Vorjahresnadeln gelegt, im Sommer gleichfalls in die Nadeln des Vorjahres sowie in die frisch gewachsenen jungen Nadeln. Die Larven halten sich gemeinsam auf den Nadeln (**5**) auf; bei zwei Generationen findet man sie im Mai/Juni und dann noch von August bis Oktober. Zunächst nagen sie die Nadeln seitlich an, Hauptnerv und Spitze verschonen sie (die Larven der ersten Generation verschmähen auch diesjährige Nadeln), später fressen sie die ganzen Nadeln ab und nagen auch an der Rinde der Jungtriebe; sie können Kahlfraß verursachen. Die Afterraupe ist hellgelb bis gelbgrün mit kleinem braunem Kopf und 11 Gliedmaßenpaaren. Ausgewachsen ist sie bis 26 mm lang, dann stellt sie die Nahrungsaufnahme ein und sucht einen sicheren Schlupfwinkel zum Verpuppen auf. Die Afterraupen der ersten Generation verkriechen sich gern in Rindenspalten, sie bleiben aber auch auf den Nadeln und Zweigen. Dort spinnen sie sich in einen tönnchenförmigen bräunlichen, harten Kokon ein, in dem sie sich verpuppen. Die Puppen der ersten Generation erscheinen im Juli, noch im gleichen Monat schlüpft die Imago. Die Afterraupen der zweiten Generation, die im Herbst heranwachsen, verkriechen sich 1–3 cm tief in die Waldstreu am Fuß der Bäume und überwintern im Kokon, um sich erst im Frühjahr zu verpuppen. Manchmal ruhen sie vor der Verpuppung noch ein weiteres Jahr.

Verbreitung: Großteil Europas und Nordafrika. Länge: ♂ 7–8 mm, ♀ 7,5–10 mm.

**6 Neodiprion sertifer** (Geoffr.). Entwickelt sich auf Kiefern. Die Imago erscheint ab Mitte August und Anfang September. Das Weibchen (**6**) legt seine Eier in die Nadeln von Gemeiner Waldkiefer, Schwarzkiefer und Latschenkiefer. Die Eier überwintern, und von April bis Juni – je nach Höhenlage – schlüpfen die Afterraupen. Sie ernähren sich von Nadeln und verpuppen sich im Juli.

*N. sertifer* lebt in einem großen Teil Europas. Länge: ♂ 6–8 mm, ♀ 7–9 mm.

1 ♀

2 ♂

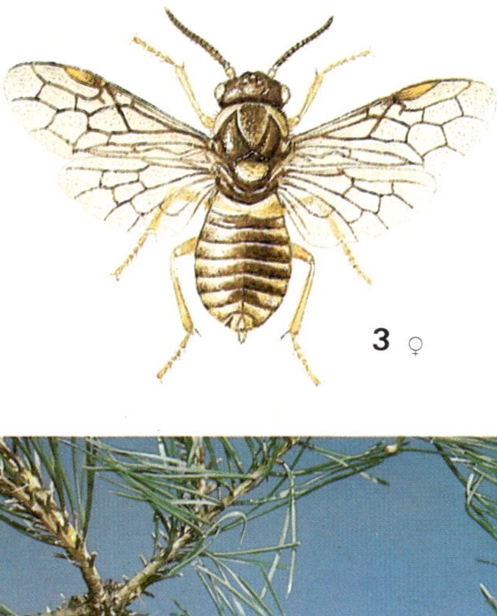
3 ♀

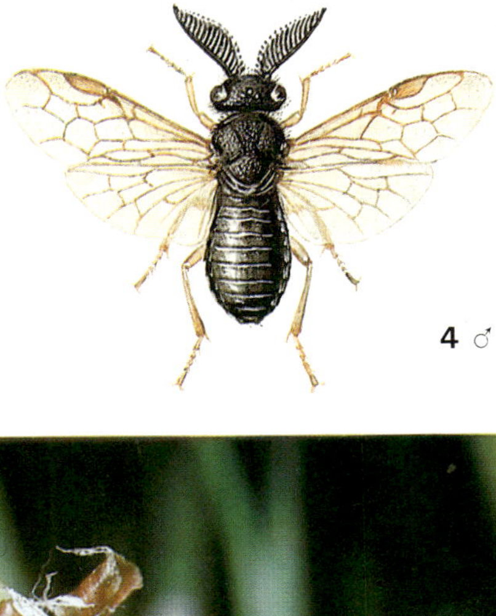
4 ♂

5

6 ♀

## Familie Tenthredinidae, Blattwespen

1 **Macrophya montana** (SCOP.). In der älteren Literatur als *M. rustica* geführt, zeichnet sich durch lange Hinterschenkel aus. Schenkel und Schienen dieses Beinpaars erreichen etwa gleiche Länge. Sehr häufige Blattwespe, die auf erblühten Doldengewächsen sitzt.
Verbreitung: Ganz Europa, Kleinasien, Nordafrika. Länge: ♂ 10 mm, ♀ 10–12 mm.

2 **Tenthredo campestris** L. Aus der älteren Literatur als *T. flavicornis* bekannt, mit teilweise rötlichem Hinterleib. Vorderpartie meist rötlich, bei manchen Exemplaren jedoch schwarz (diese bilden eine f. *luteicornis* benannte Form). Die Imago erscheint zahlreich von Mai bis August auf den Blüten der verschiedensten Pflanzen. Wirtspflanze der Afterraupe ist das bekannte Unkraut Giersch oder Geißfuß. Die Afterraupe wird über 20 mm lang. Ausgewachsen verkriecht sie sich ins Erdreich, bildet dort einen Kokon und verpuppt sich darin.
Verbreitung: Fast ganz Europa. Länge: 13–14 mm.

3, 4 **Rhogogaster viridis** (L.), Grüne Blattwespe. – Ähnelt in Gesamtbild und Färbung weitgehend anderen Arten, vor allem *R. picta* und *R. punctulata.* Gemeinsames Merkmal ist eine klar grüne, manchmal dominierende Färbung, die aber auch mehr oder weniger von Schwarz zurückgedrängt sein kann. In Sammlungen aufbewahrte Exemplare können sich verfärben, das klare Grün verwandelt sich in Gelb. Die genannten Arten lassen sich anhand folgender Merkmalskombinationen unterscheiden: Bei *R. viridis* ist der Körper grün, über die Mittelpartie der Hinterleibsrückenseite zieht sich aber ein dunkler Streif. Seitlich am Körper befinden sich keine dunklen Flecken. Bei *R. punctulata* sitzen an den Körperseiten dunkle Doppelflecken. Bei *R. picta,* der letzten dieser drei Arten, überwiegt schwarze Körperfärbung, darauf aber eine hellgrüne Zeichnung. *R. viridis* gehört zu den sehr zahlreichen und in der Farbe auffälligen Arten. Die Imago erscheint im Sommer auf verschiedenen Sträuchern und Kräutern, wo sie verschiedenen Insektenarten nachstellt. Die Larve ist Pflanzenfresser, ihre Nahrung besteht aus dem Laub verschiedener Bäume (Weide, Pappel, Erle u. a.) sowie aus Kräutern (u. a. auch Hahnenfuß).
*R. viridis* ist über einen großen Teil der paläarktischen Region verbreitet.
Länge: 10–13 mm.

5, 6 **Tenthredo zonula** KLUG. Fällt durch „Wespenfärbung" des Körpers auf. Von den echten Wespen läßt sie sich leicht durch das in voller Breite an die Brust (**5**) angewachsene erste Hinterleibssegment unterscheiden. Im Gegensatz zu den Wespen fehlt ihr der Stachel, doch ist die Untersuchung dieses Merkmals doch ein bißchen zu riskant. Die Hinterschenkel sind fast gelb und nur an den Oberenden schwarz. Die Imago (**6**) erscheint den ganzen Sommer über zahlreich und fehlt nur selten auf blühenden Doldengewächsen. Wirtspflanze ist Johanniskraut *(Hypericum).*
*T. zonula* ist in Europa, Kleinasien und Nordafrika verbreitet. Länge: 9–10 mm.

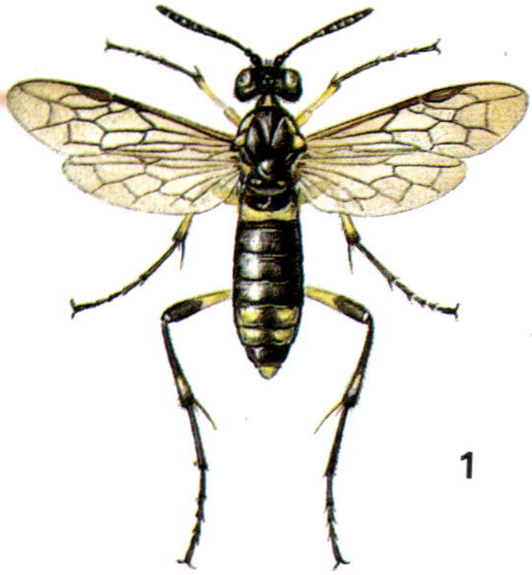

1

2

3

4

5

6

## Familie Tenthredinidae, Blattwespen

1 **Emphytus cinctus** (L.), Weißgürtelige Rosensägewespe. – Männchen und Weibchen unterschiedlich gefärbt. Beim Männchen ist der Hinterleib entweder ganz dunkel, oder auf dem ersten Abdomentergit sitzt ein weißer Fleck. Beim Weibchen (**1**) ist dieser Fleck ausgeprägter, dazu ist das 5. Abdomentergit ganz weiß. Die Flügel beider Geschlechter sind gelblich, die Adern rotbraun. Die Imago hält sich auf Rosen und in deren nächster Umgebung auf.

Die Rosensägewespe kommt in zwei Generationen vor. Das Weibchen legt die Eier an die Blattunterseite von Rosen, manchmal auch von Erdbeeren. Die Larven sind überwiegend dunkelgrün bis blaugrün gefärbt und haben einen gelbbraunen Kopf, sie ernähren sich von Blattgewebe. In Ruhe sind sie auf dem Blatt zusammengerollt, bei Störung lassen sie sich zu Boden fallen. Die ausgewachsenen Larven sind etwa 10–15 mm lang. Zur Verpuppung ziehen sie sich ins Zweiginnere oder in abgeschnittene Triebe zurück, im Mark nagen sie einen etwa 20 mm langen Gang, dessen Öffnung sie mit Spänchen verschließen. Geeignete Stellen zur Verpuppung bieten auch die verschiedenen Risse und Spalten in Mauern usw.

Wirtschaftlich ist diese Art bedeutungslos. Sie kommt in einem großen Teil Europas und in Sibirien vor, auch nach Nordamerika wurde sie eingeschleppt.

Länge: 7–10 mm.

2, 3 **Athalia colibri** Christ., Kohlrübsenblattwespe. – Auch als *A. rosae* bekannt. Diese vorwiegend gelbrot gefärbte Art bringt im Laufe des Jahres zwei und mehr Generationen hervor. Die Blattwespen der ersten Generation fliegen im Mai, die zweite Generation erscheint im Juli, die dritte im August/September; entsteht noch eine weitere, erscheint die Imago im Oktober. Die Imago sitzt bevorzugt auf den Blüten von Kreuzblütlern, Doldenblütlern und Korbblütlern, wo sie Pollen und Nektar sammelt. Sie ist träge und läßt sich leicht fangen. Das Weibchen kann bis zu 300 Eier legen, sie werden auf die Blätter von kultivierten und wilden Kreuzblütlern gelegt. Dabei sitzt das Tier so am Blattrand, daß die drei linken Gliedmaßen auf der einen, die rechten auf der anderen Blattseite ruhen. Dann trennt es mit seiner fein gezahnten Legeröhre Blattober- und -unterseite voneinander, um auf den Grund der entstandenen Vertiefung ein einziges bohnenförmiges, knapp 1 mm langes, weißgelbes Ei zu legen. Schon bald schlüpft die Larve. Diese nagt zuerst einen Gang im Blatt, dann beißt sie sich ins Freie durch und ernährt sich vom Blattgewebe. Anfänglich verbergen sich die Larven an der Blattunterseite, wo nach dem Fraß Fensterchen im Gewebe zurückbleiben. Dann wechseln sie auf Blattoberseite und -rand über. Die ausgewachsene Larve verkriecht sich flach unter die Erde, baut einen innen mit einer Seidenfaser ausgesponnenen Lehmkokon und verpuppt sich darin. Der Kokon des zukünftigen Weibchens ist größer als der des Männchens.

Vor allem in trockenen, warmen Sommern können die Larven auf verschiedenen kultivierten Kreuzblütlern Schäden anrichten, z. B. auf Raps, Senf, Kohl usw. Diese Schäden sind bei der 2. Generation am empfindlichsten.

Die Kohlrübsenblattwespe ist über einen Großteil Eurasiens, in Nord- und Südafrika und in Südamerika verbreitet. Länge: 6–8 mm.

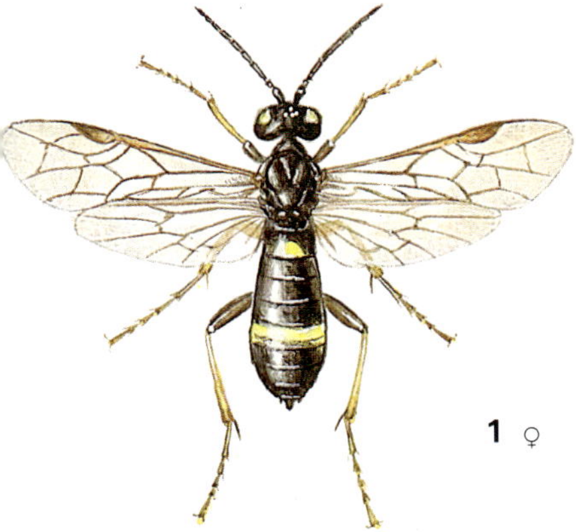

1 ♀

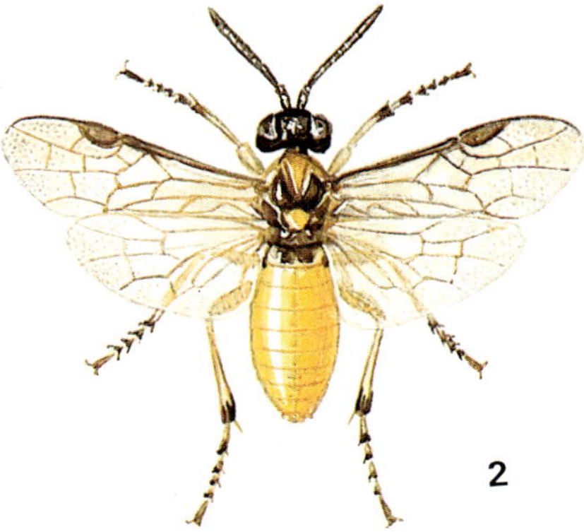

2

3

## Familie Tenthredinidae, Blattwespen

1–3 **Phymatocera aterrima** (KLUG). Mit schwarzem Körper und schwarzen Flügeln. Schon der wissenschaftliche Name (ater – schwarz) verrät dieses Farbmerkmal. Die Fühler des Weibchens sind genauso lang wie der Hinterleib, beim Männchen sind sie noch länger und abstehend behaart. Die Blattwespe hält sich in Laubwäldern auf, in denen die Wirtspflanzen der Larven wachsen: verschiedene Weißwurzarten und Maiglöckchen. Darauf erscheint sie manchmal recht häufig, nicht selten schadet sie auch in Gärten. Die Imago fliegt im Frühjahr, ist verhältnismäßig träge und leicht zu fangen. Die Weibchen (**3**) legen ihre Eier (**2**) in die Weißwurzstengel, es hat den Anschein, daß die geraden Stengel der Quirlblättrigen Weißwurz bevorzugt werden, da sie darauf am häufigsten beobachtet wurden. Mit der Legeröhre durchstößt es die Außenhaut (Epidermis) und höhlt eine Art Tasche aus, in die das Ei – vor Witterungsunbilden und Raubinsekten geschützt – abgelegt wird. Mehrere solche Taschen werden in einer Reihe senkrecht übereinander angelegt. Als erste Nahrung dient der Larve das Gewebe unmittelbar an der Schlupfstelle. Dann nagt sie sich ins Freie durch und geht aufs Blatt, dessen Spreite ihre endgültige Nahrung darstellt. Die jungen Larven finden sich zum gemeinsamen Mastfraß zusammen. Die meisten sitzen an der Blattunterseite (**1**) dicht nebeneinander, alle Köpfe in eine Richtung. Zunächst fressen sie das Gewebe der Blattunterseite, dann perforieren sie es, die Öffnung wird durch den unablässigen Befraß immer größer. Die parallelen Blattadern stellen für die jungen Larven Hindernisse dar, daher ist das Loch zunächst auf die Spreite zwischen den Adern beschränkt. Ältere Larven zerbeißen auch die Adern, so daß sich die Löcher miteinander verbinden, bis zuletzt vom Blatt nur noch der Hauptnerv übrigbleibt. Die Larven sind ganz typisch, lang, verhältnismäßig schlank, grau gefärbt mit dunklem Kopf. Nur nach der Häutung ist der Kopf kurzfristig hell, nach einigen Stunden dunkelt er wieder nach. Ausgewachsene Larven verkriechen sich im Erdreich, wo sie sich später verpuppen. Diese Blattwespe ist vor allem in Mittel- und Südeuropa verbreitet. Länge: 8–9 mm.

4, 5 **Blennocampa pusilla** (KLUG), Kleinste Rosenblattwespe. – Überwiegend schwarz gefärbt, nur die Enden von Schenkeln, Schienen und Füßen sind weiß, die Enden von Hinterschenkeln und -füßen braun. Gehört zu den kleinsten, im ganzen unscheinbaren, aber zahlreichen Arten. Die Imago (**4**) erscheint im Mai/Juni, Wirtspflanze der Larven ist die Rose. Gelingt es nicht, eine Imago zu finden, dienen die zu Röhrchen zusammengerollten Rosenblätter als Beweis für die Anwesenheit von Larven. Das Weibchen legt die Eier einzeln oder zu 2–3 auf die Blattrandunterseite. Die Larve ist nach dem Schlüpfen weiß, später grün mit braunem Kopf, schwarzen Augen und Fühlern. Die jungen Larven können das Rosenblatt beidseitig von den Rändern her parallel zum Hauptnerv zu röhrenartigen Gebilden (**5**) zusammenrollen. In jeder Röhre leben 1–2 Larven, die das Blattgewebe abfressen. Im Juli erreicht die Larve etwa eine Länge von 8–9 mm, sie verläßt das Röhrchen und wühlt sich in den Boden ein. Dort legt sie sich einen Kokon an, in dem sie sich verpuppt.
Die Kleinste Rosenblattwespe ist über einen Großteil der paläarktischen Region verbreitet. Länge: 4 mm.

1

2 ♀

3 ♀

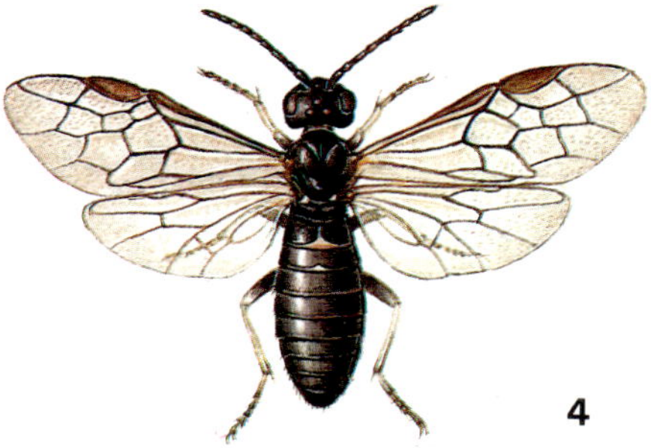

4

5

## Familie Tenthredinidae, Blattwespen

1 **Hoplocampa minuta** (CHRIST), Schwarze Pflaumensägewespe. – Lebt in Gärten. Die Imago kommt oft schon im April aus der Erde und fliegt noch im Mai. Sie bewegt sich in den Baumkronen, man trifft sie daher weniger häufig als ihre Larven. Pflaumensägewespen kriechen meist in Pflaumenblüten, um dort Nektar zu saugen und Pollen zu sammeln. Die größte Anzahl ist in den frühen Morgenstunden in den Blüten zu finden. Das befruchtete Weibchen legt etwa 70 Eier. Es besucht aufgehende Blüten und schiebt mit der Legeröhre je ein Ei ins Kelchgewebe, die entstandene Spalte verklebt es mit einem besonderen Sekret. Die winzige Larve beißt sich so schnell wie möglich zum Fruchtknoten durch, dessen Oberfläche sie abnagt. Später dringt sie ins Innere vor und frißt auch den Kern. Im genagten Gang läßt sie dunkle Exkremente zurück. Die Larve verläßt die leergefressene Frucht und dringt nacheinander noch in einige weitere ein. Die ausgewachsene Larve ist hellgelb. Sie fällt mit der Frucht zu Boden, verläßt sie und zieht sich etwa 15 cm tief ins Erdreich zurück. Ihren Körper spinnt sie in einen Kokon ein, in dem sie überwintert, die Verpuppung erfolgt im Frühjahr. Die Larve bringt zwar die Früchte vorzeitig zum Abfallen, doch richtet sie keine nennenswerten Schäden an. Nicht ganz zutreffend wird gesagt, daß sie bei den Pflaumen Wurmstichigkeit hervorruft. Gemeinsam mit ihr tritt die verwandte Gelbe Pflaumensägewespe *(Hoplocampa flava)* auf, deren Imago einen braungelben Hinterleib hat.
Die Schwarze Pflaumensägewespe ist über fast ganz Europa verbreitet.

Länge: 4–5 mm.

2, 3 **Caliroa cerasi** L., Kirschblattwespe. – Häufig auch als *Caliroa limacina* bezeichnet. Diese in der Färbung eintönige Sägewespe (**2**) bewohnt Wälder und Gärten, wo im Laufe des Jahres zwei Generationen entstehen. Die Imago der Frühjahrsgeneration kommt Anfang Mai aus dem Boden. Das Weibchen legt die Eier einzeln in die Blätter verschiedener Gehölze, vor allem von Kirsche, Birne, Eberesche, Weißdorn, Birke, Rose usw. Mit dem Legebohrer wird das Blattgewebe angeritzt und eine kleine Tasche gebildet, in die das Ei kommt. Die geschlüpften Larven kriechen auf die Blattoberseite und ernähren sich vom Gewebe dieser Blattpartie. Allmählich skelettieren sie die Stelle, doch wird die Nervatur dabei nicht beschädigt. Die Larve dieser Blattwespenart sieht anfänglich den Larven anderer Blattwespen überhaupt nicht ähnlich. Sie ist schwarz, mit keulenförmig verdicktem Körpervorderteil und von einem nach Tinte riechenden Schleim (**3**) umhüllt. Sie sieht eher wie eine Nacktschnecke aus, daher bekam die Art auch ihren wissenschaftlichen Namen (*limacina* – von *Limax,* Nacktschnecke). Die letzte Larvenstufe scheidet keinen Schleim mehr ab. Sie wird etwa 10 mm lang, fällt vom Blatt zu Boden und stellt sich flach unter der Erde ein eiförmiges Gespinst her, in dem sie sich nach kurzer Zeit verpuppt. Nach etwa zwei Wochen (August) schlüpft die Imago der zweiten Generation. Die Afterraupen dieser Generation sitzen im September/Oktober auf den Blättern, sie sind manchmal sehr zahlreich und können Kahlfraß verursachen. Sie überwintern und verpuppen sich im Frühjahr.
Die Verbreitung dieser Art ist heute schon fast kosmopolitisch, sie wurde auch nach Nordamerika und Australien eingeschleppt.

Länge: etwa 5 mm, Flügelspannweite 10 mm.

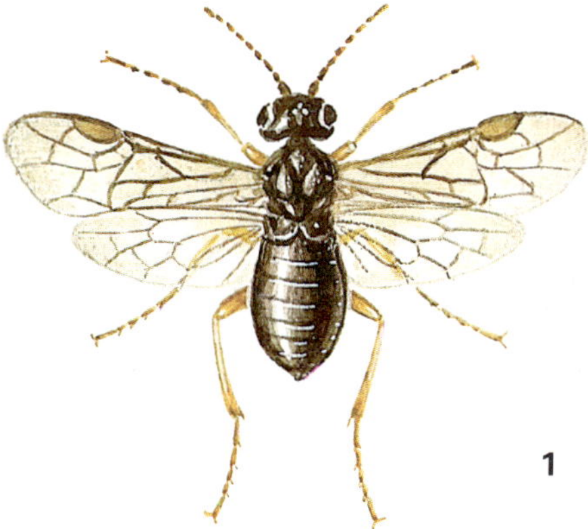
1

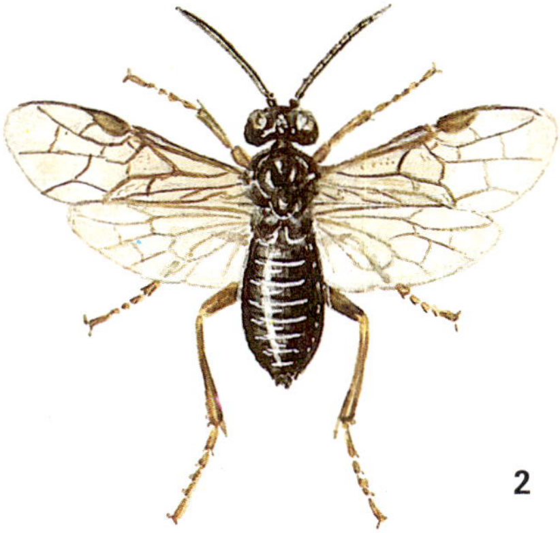
2

3

## Familie Tenthredinidae, Blattwespen

1 **Croesus septentrionalis** (L.), Breitfüßige Birkenblattwespe. – Mit zum großen Teil rot gefärbtem Hinterleib. Die Imago fliegt im Mai. Viel interessanter als die fertige Blattwespe ist aber ihre auffällig bunt gefärbte Afterraupe. Sie ist grün mit schwarzen Punkten, nur das erste und die zwei bzw. drei letzten Körpersegmente sind gelblich mit schwarzen Flecken. Der Kopf ist schwarz. Sie hält sich vorwiegend auf den Blättern von Birken und Erlen, aber auch von anderen Laubbäumen auf. Die Larven sitzen am Blattrand und fressen am Gewebe. Werden sie gestört, nehmen sie eine Art Drohhaltung ein: Wie auf Kommando richten alle Tiere ihren Körper auf und krümmen ihn wie ein Fragezeichen. In dieser merkwürdigen Stellung verbleiben sie eine Weile regungslos, oder alle bewegen den aufgerichteten Körperteil. Verpuppung im Erdboden.
Die Breitfüßige Birkenblattwespe ist über ganz Europa verbreitet. Länge: 7–10 mm.

2 **Trichiocampus viminalis** Fall., Gelbe Pappelblattwespe. – Fliegt im Mai und ist vor allem in Pappelalleen zahlreich. Das Männchen hat lang behaarte Fühler und am dritten Glied einen kurzen, aber gut sichtbaren stumpfen Fortsatz. Die Afterraupen haben einen schwarzen Kopf, einen gelblichen Körpervorder- und -hinterteil, der Rest ist grünlich, der Körper ist über und über schwarz gefleckt. Sie leben auf dem Laub von Salweiden und verschiedenen Pappelarten. Das Weibchen sucht für seine Eier Blattstiele aus, dort hinein legt es sie in parallelen Reihen ab. Die Larven leben gesellig und halten sich gemeinsam an der Blattunterseite auf. Sie verströmen einen unangenehmen Geruch. Sie ernähren sich von der Blattspreite, treten bis in den Herbst auf und können Kahlfraß verursachen. Die Larven werden bis zu 20 mm lang, dann verkriechen sie sich in Rindenspalten und spinnen sich in einen Kokon ein.
*T. viminalis* ist in Mittel- und Nordeuropa verbreitet. Länge: etwa 9 mm.

3 **Pteronidea ribesii** (Scop.), Gelbe Stachelbeerblattwespe. – Die Afterraupen dieser Art entwickeln sich auf den Blättern von Stachelbeeren, Schwarzen, Roten und Weißen Johannisbeeren. Männchen und Weibchen unterscheiden sich in der Färbung. Der Hinterleib des Weibchens (**3**) ist gelb, beim Männchen oben schwarz und von unten gelb. Im Laufe des Jahres kommen 2–4 Generationen zustande. Die Imago der ersten Generation erscheint im April. Das Weibchen legt etwa 50 Eier in die Rippen auf der Blattunterseite der Wirtspflanze. Mit dem Legebohrer wird das Gewebe angeritzt, in die entstandene Spalte werden die Eier in einer Reihe abgelegt. Sie verschwinden nicht ganz im Gewebe, sondern ragen teilweise hervor. Die Larven schlüpfen nach 7–14 Tagen und fressen die Blattspreite. Zunächst halten sie sich im Strauchinneren auf, dann schreiten sie allmählich zu den Rändern vor. Sie verbrauchen eine große Menge Pflanzengewebe, daher können sie bei stärkerem Auftreten binnen kurzem Kahlfraß verursachen. Dabei bleiben von den Blättern nur Stiel und stärkere Adern zurück. Die ausgewachsene Larve wühlt sich in den Erdboden ein, legt einen schwarzbraunen pergamentartigen Kokon an und verpuppt sich darin. Die Entwicklungsdauer hängt von der Jahreszeit ab. Die längste Entwicklung hat die letzte Generation des Jahres, deren Afterraupen im unterirdischen Kokon überwintern. Sie verpuppen sich erst im Frühjahr.
Die Gelbe Stachelbeerblattwespe kommt hauptsächlich in Mittel- und Nordeuropa vor; in der Mitte des vorigen Jahrhunderts wurde sie nach Nordamerika eingeschleppt. Länge: 6–8 mm, Flügelspannweite: 14–16 mm.

1

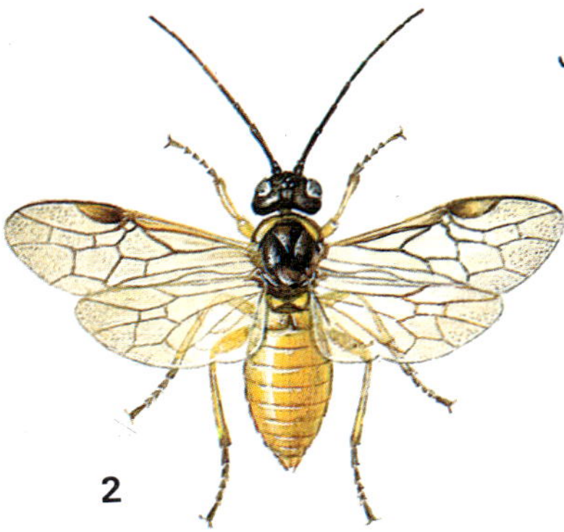

2

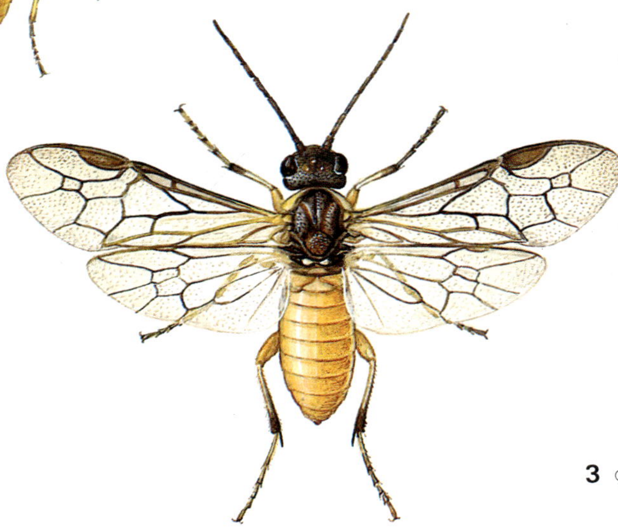

3 ♀

## Familie Ichneumonidae, Schlupfwespen

1, 2 **Rhyssa persuasoria** (L.), Pfeifenräumer, Riesenschlupfwespe. – Häufigste von mehreren großen, ähnlich langbeinigen Arten unserer Fauna. Der dunkel gefärbte Körper ist auf Brust und Hinterleibssegmenten mit weißen Flecken geziert, auf den Fühlern sitzen aber keine weißen Ringe. Das Tier hält sich in Nadelwäldern auf – auf Lichtungen, an Wegen und auf Schneisen, wo gefällte Stämme liegen. Das Weibchen (**1**) ist mit einem sehr langen, dünnen Legebohrer ausgerüstet, dazu hat es z. B. an den Fühlern und Füßen hochempfindliche Sinnesorgane, die beim Aufspüren der für die Eiablage notwendigen Beute helfen. Das sind die mächtigen Holzwespenlarven der Arten *Urocerus gigas, U. augur, Xeris spectrum, Sirex juvencus* u. a. Zur Entwicklung der Nachkommenschaft spürt es auch Larven von großen Bockkäferarten auf. Die Holzwespenlarven sind in ihren Gängen im Holz gefällter Stämme verborgen, oft mehrere Zentimeter tief. Das suchende Weibchen fliegt herum, und sobald es die Anwesenheit der Beute „spürt", läßt es sich auf dem Stamm nieder. An einer bestimmten Stelle sticht es seinen Legebohrer ins Holz, der bis zum Larvenkörper vordringt. Die künftige Schlupfwespenlarve ist ein Ektoparasit. Der ganze Eiablageprozeß dauert zwar unterschiedlich lange, doch sind die benötigten 20–40 Minuten eine sehr kurze Zeitspanne. Die Eiablage ist nämlich für das Weibchen ganz entschieden keine einfache Angelegenheit; es muß gewiß viel Energie aufwenden, um mit dem dünnen Legebohrer die recht dicke, harte Holzschicht zu durchstechen. Die Haltung des Tieres (**2**) ist dabei eigenartig. Es richtet den Hinterleib weit auf, dann sticht es den Legebohrer mit Druck senkrecht in die Unterlage, doch führt es dabei keine Rotationsbewegungen aus, wie es einige Schlupfwespenarten ausüben.
Nach der Eiablage wird der Legebohrer aus dem Holz gezogen, und die Suche geht weiter. Nicht selten waren die Anstrengungen eines Weibchens vergeblich, wenn es nicht bis zur Larve vorgedrungen war. Die Eiablage ist auch im Hinblick auf die Sicherheit für das Weibchen kritisch. Es kann dabei nämlich leicht von einem Räuber überfallen werden, da es bei Bedrohung nicht in der Lage ist, den Legebohrer schnell aus dem Holz zu ziehen und die Flucht zu ergreifen. Die Larve ernährt sich vom Körpergewebe der Afterraupe, sie überwintert und verpuppt sich im Frühjahr. Im Laufe des Jahres entsteht eine einzige Generation.
Die Schlupfwespe kommt in einem großen Teil der paläarktischen und nearktischen Region vor. Länge: ♂ 18–40 mm, ♀ mit Legebohrer bis 80 mm.

3 **Megarhyssa superba** (Schr.). Gehört zu den größten Schlupfwespenarten der europäischen Tierwelt. Der rostfarbene Körper hat auf der Brust eine gelbe Zeichnung und seitlich auf den Hinterleibssegmenten gelbe Flecken (**3**). Die Art bewohnt Laubwälder, in denen das Weibchen für die Eiablage die Larven von großen Holzwespen aufspürt. Das sind vor allem die im Erlenholz lebenden Larven von *Xiphydria camelus* und *Tremex fuscicornis;* ihr Körpergewebe liefert den Schlupfwespenlarven Nahrung. Da die Wirte – die großen Holzwespen – immer seltener werden, erscheint auch diese schöne Schlupfwespe nur noch gelegentlich und ist nirgendwo zahlreich.
Verbreitung: Großteil Eurasiens. Länge: ♂ 19–34 mm, ♀ mit Legebohrer bis 90 mm.

1 ♀

2 ♀

3 ♀

## Familie Ichneumonidae, Schlupfwespen

1, 2 **Pimpla instigator** (F.), Schwarze Schlupfwespe. – Verhältnismäßig zahlreicher, regelmäßiger Waldbewohner. Ihre beträchtlich schwankende Größe hängt mit der Nahrungsmenge zusammen, die die Larve im Laufe ihres Lebens bekommen hat. Die schwarz gefärbte Imago hat auf Kopf und Mittelsegment (Propodeum) gleichfalls schwarz gefärbte Haare; die sehr ähnliche *P. examinator* hat helle Haare. Ähnlich ist auch *P. illecebrator.* Die Schwarze Schlupfwespe hat rote Hinterschienen, die verwandte *P. illecebrator* schwarze. Der Legebohrer des Weibchens (**1, 2**) ist verhältnismäßig kurz, etwa so lang wie die Hinterschiene. Die Imago riecht nach Asphalt, eine Eigenschaft, die nicht nur diese Schlupfwespe, sondern noch viele weitere Arten auszeichnet. Das Weibchen fliegt bzw. läuft auf der Erde mit leicht angehobenen Flügeln herum und sucht nach Schmetterlingspuppen, die den künftigen Larven als Nahrung dienen. Es ist überhaupt nicht wählerisch, sucht keine bestimmte Art, sondern achtet nur darauf, daß die Puppe groß genug ist. Die Schlupfwespe fällt zahlreiche Schmetterlingsarten an, z.B. Ringelspinner *(Malacosoma neustrium),* Schwammspinner *(Lymantria dispar),* aber auch den überhaupt nicht verwandten Kohlweißling *(Pieris brassicae).* Von den Hautflüglerinsekten gehört die Große Birkenblattwespe *(Cimbex femorata)* zu ihren Wirten. In die Beute wird der Legebohrer gestochen und ein Ei hineingelegt. Das Weibchen ist nur bei Temperaturen über 20°C zur Eiablage fähig.
Die Imago, deren Hauptnahrung offensichtlich aus Blütennektar besteht, verschmäht auch tierische Kost nicht. Das Weibchen hat häufig Gelegenheit, aus angestochenen Puppen Blutlymphe zu saugen (es kann sie mit dem Legebohrer selbst anstechen). Auch das Männchen nascht gerne daran; doch muß es eine vom Weibchen angestochene Beute finden, da es selbst kein Stechorgan besitzt. Die Imago überwintert, oft findet sich eine größere Zahl dieser Schlupfwespen unter der Rinde von Bäumen und Stämmen versteckt. Wie die meisten Schlupfwespen hat auch die Schwarze Schlupfwespe eine beträchtliche Bedeutung in der Natur. Schon im Hinblick auf ihre Häufigkeit gehört sie zu den wichtigen natürlichen Regulatoren verschiedener Schadinsekten des Waldes.
Sie ist über einen Großteil der paläarktischen Region verbreitet. Länge: 10–24 mm.

3 **Metopius pinatorius** Brul. Häufigste Art der Gattung. Diese früher als *M. micratorius* bekannte Schlupfwespe ähnelt durch ihre schwarzgelbe Farbkombination weitgehend einer Stechwespe. Das Weibchen legt seine Eier in die Raupen vieler Schmetterlingsarten. Die Larve lebt in deren Körper als Endoparasit. Wirte sind nicht nur einige bekannte Nachtfalter, wie z.B. die Pfeileule *(Acronicta psi),* sondern auch verschiedene Schädlinge, wie z.B. der Ringelspinner *(Malacosoma neustrium)* oder auch seltene Arten (Großes Nachtpfauenauge, *Saturnia pyri*) u.a.
Das Verbreitungsareal dieser Art reicht von Westeuropa bis Ostsibirien und auf den Kaukasus. Länge: 14–17 mm.

1 ♀

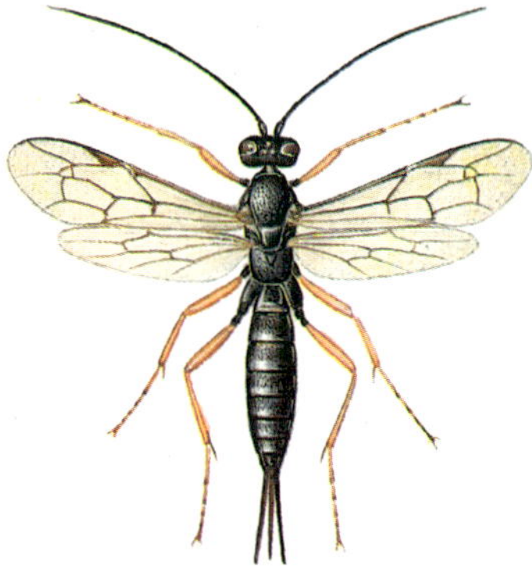

2 ♀

3 ♀

## Familie Ichneumonidae, Schlupfwespen

1 **Enicospilus ramidulus** (L.). Gehört mit vielen anderen Arten in die Unterfamilie Ophioninae. Das sind relativ große, einander ähnliche, rostfarbene Schlupfwespen mit seitlich zusammengedrücktem Hinterleib. Ihre Bestimmung ist nicht einfach. Es ist noch gar nicht zu lange her, daß jede rostfarbene Schlupfwespe, die häufig abends Lichtquellen anfliegt, als *Ophion luteus* bezeichnet wurde. Erst eingehendes Studium von umfangreichem Sammlungsmaterial brachte den Beweis über die Vielfalt dieser auffälligen Arten. Merkwürdigerweise gehört gerade dieser oft überall angeführte *Ophion luteus* nicht zu den gängigen, sondern eher zu den nur gelegentlich vorkommenden Arten.

Die Arten der Gattungen *Enicospilus* und *Ophion* lassen auf dem Vorderflügel das deutlich umgrenzte Feld, die sog. Areole, vermissen, die sonst bei den Schlupfwespen gängig vorkommt. Die Arten der Gattung *Enicospilus* lassen sich von ähnlichen Schlupfwespen auch daran unterscheiden, daß sie meist auf dem Vorderflügel 1–3 verschieden große sklerotisierte rostige Flecken haben. Die Imago von *E. ramidulus* besitzt zwei dieser Flecken, die gut unter der Lupe zu sehen sind. Das Weibchen hat nur eine kurze Legeröhre. Die Nahrung für die Larven besteht hauptsächlich aus Kieferneulen-Raupen *(Panolis flammea)*, in die die Eier gelegt werden.

*E. ramidulus* ist im Mittel- und Südteil der paläarktischen Region verbreitet.

Länge: 18–20 mm.

2 **Therion circumflexum** (L.), Sichelwespe. – In der älteren Literatur als *Exochilum circumflexum* bezeichnet. Lebt verhältnismäßig zahlreich in Kiefernwäldern, die Imago fliegt im fortgeschrittenen Frühjahr. Ihre Flughaltung ist sehr eigenartig. Die Fühler sind aufgerichtet, die Hinterbeine weit gespreizt, der im Bogen gekrümmte Hinterleib hängt abwärts. Diese Schlupfwespen suchen und lecken gerne die süßen Ausscheidungen von Blattläusen.

Das Weibchen legt seine Eier in verschiedene Schmetterlingsraupen. Da die künftige Larve ziemlich groß ist, sucht es die Raupen großer Schmetterlinge auf. Parasitiert wird in Schwärmern (Sphingidae), vor allem im Ligusterschwärmer *(Sphinx ligustri)* und Kiefernschwärmer *(Hyloicus pinastri)*, in einigen Zahnspinnerarten (Notodontidae), Glucken (Lasiocampidae) und verschiedenen Nachtfalterarten (Noctuidae). Die ausgewachsene Larve verpuppt sich in einem dünnen Gespinst. Aus dem angesammelten Larvenkot bildet sich eine Art Schutzschicht, die wie ein Becher den größten Teil des Gespinstes ausfüllt. Darin ist der Puppenhinterteil verborgen. Auf dem Grund des Kotbechers liegt die abgestreifte Larvenhaut.

Die Sichelwespe bewohnt einen Großteil der paläarktischen und nearktischen Region.

Länge: 15–25 mm, Vorderflügel: 7–16 mm.

3 **Ichneumon stramentarius** Grav. Gehört zu den häufigen Arten. Der Fühler hat meist 37–40 Glieder. Die Weibchen (**3**) verkriechen sich im Herbst unter die Rinde gefällter Bäume und Stümpfe, wo sie oft gemeinsam überwintern. Entwicklung ähnlich wie bei anderen Schlupfwespen.

*I. stramentarius* ist über den größten Teil Europas verbreitet. Länge: 11–14 mm.

1

2

3 ♀

## Familie Ichneumonidae, Schlupfwespen

1 **Ichneumon sarcitorius** L. Auffällige, altbekannte Art, die schon vor über 200 Jahren vom schwedischen Naturforscher Carl von Linné beschrieben wurde. Sie gehört in eine heute bereits sehr artenreiche Gattung. Männchen (**1**) und Weibchen unterscheiden sich farblich stark voneinander. Während sich beim Männchen die typische „Wespenfärbung" findet, kommt beim Weibchen auch noch Rot und Weiß hinzu. Männchen und Weibchen sind in ihrer Gesamtfärbung variabel. Verschiedenfarbigkeit (Dichroismus) erscheint auch an den Fühlern; beim Männchen sind sie ganz schwarz, beim Weibchen etwa im ersten Basaldrittel weiß. Die Imago besucht mit Vorliebe aufgeblühte weiße Dolden von Giersch, Bärenklau, Möhre, Engelwurz u. a., doch wird sie auch von Wolfsmilchgewächsen angezogen. Die Weibchen überwintern. Zur Eiablage spüren sie die Raupen verschiedener Schmetterlinge auf, in die dann die Eier gelegt werden. Der häufigste Wirt ist wohl die Erdeule *(Agrotis segetum),* doch wurden auch Schwammspinner *(Lymantria dispar),* Weiße Tigermotte *(Spilosoma lubricipeda)* u. a. befallen.
Die Schlupfwespe ist über einen Großteil der paläarktischen Region verbreitet.
Länge: 10–15 mm.

2, 3 **Amblyteles armatorius** (FÖRST.). Heute der einzige Vertreter dieser Gattung. Noch bis vor kurzem gehörten viele weitere verwandte und ähnliche Arten hierher, die gegenwärtig anderen Gattungen zugeordnet werden. Viele zeichnen sich durch typische „Wespenfärbung" aus, wenn außer der dunklen Farbe auch Gelb erscheint. Diese Art fällt durch Sexualdichroismus auf, der sich deutlich an der Färbung von Hinterleib und Gliedmaßen zeigt. Schienen und Füße der Weibchen (**3**) sind rostig, die Schienen der Männchen (**2**) gelb. Die Imago erscheint auf Blüten, das Weibchen überwintert. Es jagt die Larven vieler Nachtfalterarten, in die es Eier legt.
*A. armatorius* ist über einen Großteil der paläarktischen Region verbreitet.
Länge: 12–16 mm.

4 **Protichneumon pisorius** (L.), Riesenschlupfwespe. – Bewohnt Fichtenwälder, die Geschlechter unterscheiden sich farblich stark voneinander. Das Weibchen hat auf dem Kopf weiße, kreisförmige Flecken und auf den Hinterschienen einen weißen Ring. Beim Männchen (**4**) sind sowohl Wangen als auch Mittelsegmentansatz weiß. Die stattliche Imago besucht Doldenblütler auf Waldwiesen. Das Weibchen hat sich auf die Jagd verschiedener Schwärmerraupen (Sphingidae) spezialisiert. Hauptsächlich jagt es die Raupen von Kiefernschwärmer *(Hyloicus pinastri),* Ligusterschwärmer *(Sphinx ligustri),* Pappelschwärmer *(Laothoë populi)* und Abendpfauenauge *(Smerinthus ocellatus).* In die Raupe wird der Legebohrer gestochen und dann ein Ei abgelegt. Die Schlupfwespenlarve lebt und entwickelt sich im Raupenkörper. Sie frißt langsam deren Körpergewebe, doch tötet sie sie nicht. Die Raupe häutet sich und verpuppt sich sogar noch. Aus der Puppe schlüpft aber kein Schmetterling, sondern die Schlupfwespenimago.
*P. pisorius* ist über weite Gebiete der paläarktischen Region verbreitet.
Länge: 22–28 mm.

1 ♂

2 ♂

3 ♀

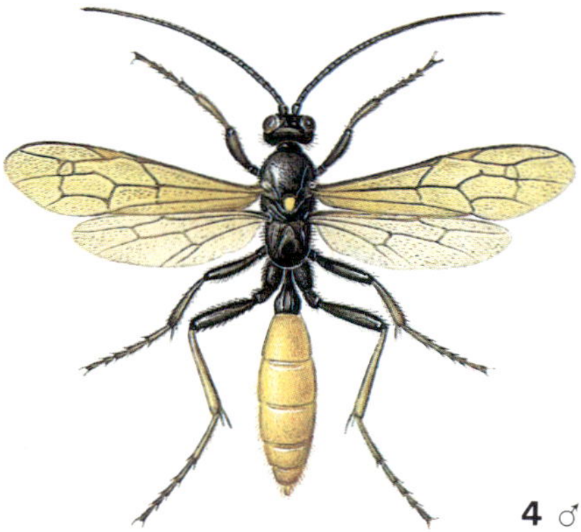
4 ♂

## Familie Braconidae, Brackwespen

1–3 **Spathius exarator** (L.). Gehört im Rahmen der recht artenreichen und vielgestaltigen Familie zu den größten Arten. Trotzdem ist sie wegen ihrer Schlankheit und Färbung im ganzen unauffällig. Von den übrigen verwandten Arten unterscheidet sie sich vor allem durch die Länge des Hinterleibsstielchens, das genauso lang ist wie alle anschließenden Segmente zusammen. Das Weibchen (**1, 3**) kann man leicht wegen des nadelartigen Legebohrers, der genauso lang ist wie der ganze Körper, vom Männchen (**2**) unterscheiden. Brackwespen erscheinen regelmäßig und ziemlich zahlreich in Gebäuden, wo in altem Holz (gleich, ob Möbel, Gebälk oder Fußböden) Pochkäfer leben. In erster Linie erscheinen sie dort, wo der Gemeine Holzwurm *(Anobium punctatum)* verbreitet ist. Stellt man irgendwo im Haus durch Pochkäfer befallenes Holz fest, ist es so gut wie sicher, daß man hier auch Brackwespen findet. Das Vorkommen kann man sogar eher feststellen, als man eine Imago entdeckt, und zwar anhand der Schlupföffnungen im Holz. Außer den großen und auffälligen, von den Pochkäfern genagten Löchern findet man hier auch ganz unscheinbare winzige Löchlein, durch die sich die Brackwespen ins Freie genagt haben. Ihre Larvenentwicklung ist nämlich völlig von den Pochkäferlarven abhängig, die ihnen als Nahrung dienen. Das Verhältnis von Pochkäfer- zu Brackwespenzahl kann man leicht an den Schlupföffnungen beider Arten feststellen: Ein Pochkäferschlupfloch bedeutet einen lebenden Käfer; ein Brackwespenschlupfloch bedeutet einen vernichteten Käfer.

Brackwespen fliegen von Mai bis September, in warmen Wohnungen schlüpfen sie auch in den Wintermonaten. In der Regel halten sie sich an Fensterscheiben oder auf Möbeln auf, wo die Weibchen eine günstige Stelle zur Eiablage suchen. Beim Eierlegen stößt das Weibchen den Legebohrer langsam ins Holz und vibriert dabei mit dem Hinterleib. Die große Elastizität des Legebohrers wird auch dadurch unter Beweis gestellt, daß ihn das Weibchen auch in Möbel aus hartem Buchenholz stechen kann. Die Eier sind im Hinblick auf den schlanken Körper ziemlich groß, sie messen etwa 1,5 mm. Daher wird auch nur eine geringe Zahl gelegt. Das Weibchen stößt den Legebohrer in einen Gang im Holz, in dem die Pochkäferlarve verborgen ist, lähmt die Larve durch den Stich des Legebohrers und legt ein Ei. Die Brackwespenlarve schlüpft in relativ kurzer Zeit. Im Lauf ihres Lebens verzehrt sie die Pochkäferlarve und hinterläßt nur ganz geringe Reste. Die Größe der Brackwespenlarve hängt von der Größe der Wirtslarve, also von der Nahrungsmenge ab. Am Ende des Pochkäfer-Larvengangs spinnt sie sich in einen Kokon ein und verpuppt sich. Die Puppe eines künftigen Weibchens läßt sich leicht erkennen, denn an ihrem Hinterleib sitzt der nach vorn gerichtete künftige Legebohrer. Die fertige Imago durchnagt zunächst die Kokonwand und dann einen schmalen, zur Holzoberfläche führenden Gang. Es wurde nachgewiesen, daß an Stellen mit Brackwespenvorkommen über 90% der Pochkäferlarven vernichtet werden können.

Verbreitung: Großteil Europas. Länge: 5–9 mm.

1 ♀

2 ♂

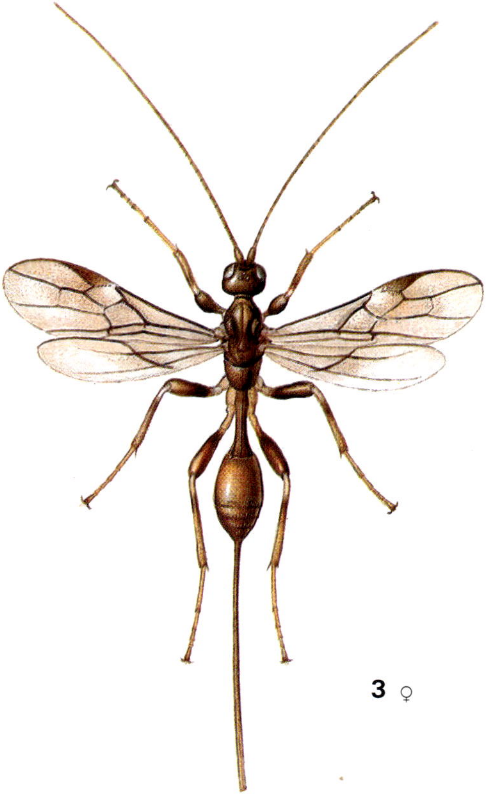

3 ♀

## Familie Braconidae, Brackwespen

1–3 **Apanteles glomeratus** (L.), Kohlweißlingsraupenwespe. – Aus dieser sehr artenreichen Gattung wohl am bekanntesten, doch ist die Bestimmung des ausgewachsenen Exemplars auch für den Fachmann ein Problem. Viele Arten sehen einander sehr ähnlich. Diese Brackwespen (**2, 3**) lassen sich aber leicht aus den gelben Kokons aufziehen, die an toten Raupen irgendwelcher Weißlingsarten, am häufigsten des Kohlweißlings *(Pieris brassicae,* **1**) angehäuft sind.

Das Weibchen ist sehr fruchtbar, es legt bis zu 2000 Eier. Als künftigen Wirt seiner Larven wählt es eine junge Kohlweißlingsraupe aus und legt mit dem Legebohrer 15–50 Eier in sie. Die Raupe wird die Eier nicht mehr los, bald schlüpfen in ihrem Körper winzige Larven, die sich von ihrer Hämolymphe und dem Fettkörper ernähren. Vorerst lassen sie die Körperorgane der Raupe unbeachtet, um ihr Leben nicht zu gefährden. Die Raupe muß nämlich so lange leben, bis die Brackwespenlarven in ihrem Körper herangewachsen sind. Im Gegensatz zu den grünlich gefärbten gesunden Raupen sieht eine befallene Raupe gelblich aus und hat auch eine verringerte Bewegungsreaktion. Ihr Körper ist weicher und in der Hinterhälfte dicker, denn die Brackwespenlarven wachsen darin heran. Trotz Brackwespenbefall ist sie in der Lage, zu wachsen und sich zu häuten, verpuppen kann sie sich nicht mehr. Während sich gesunde Raupen verpuppen, verläßt die parasitierte Raupe die Wirtspflanze und erstarrt. In ihrer letzten Lebensphase fressen die Brackwespenlarven ihre inneren Organe auf, vom Körper bleibt eigentlich nur die Haut zurück. Schließlich kriechen aus dem Raupenkörper aus winzigen Öffnungen fast gleichzeitig bis zu 50 kleine, weißliche, gekrümmte, beinlose Larven mit gelbem Kopf. Die Raupe verendet normalerweise an der Stelle, an der die Brackwespenlarven ausgekrochen sind. Diese spinnen sich auf dem Wirtskörper in gelbe Kokons ein, die etwa 4,5 mm lang und 1,5 mm breit sind. Darin verpuppen sie sich. Die Raupe mit den gelben Kokons auf dem Körper ist sehr auffällig. Für jeden nur ein wenig informierten Naturfreund ist es unverständlich, daß diese Kokons als „Raupeneier" bezeichnet werden, noch heute werden sie von unwissenden Gärtnern zusammen mit der ohnehin toten Raupe vernichtet.

Die Anzahl der parasitierten Kohlweißlingsraupen ist unterschiedlich groß. Manchmal sind nur etwas mehr als 50% befallen, anderswo überschreitet die Parasitierung 90% der Raupen. Aber nicht nur die Raupe, auch die Brackwespe hat ihre Parasiten, davon gibt es recht viele Arten. Alle können ihren Bestand beträchtlich verringern. Zu diesen Hyperparasiten gehören vor allem Erzwespen, aber auch kleine Schlupfwespenarten. Für die sehr positive Bedeutung dieser Brackwespenart für den Menschen spricht auch der Umstand, daß sie schon vor hundert Jahren (1883) aus Europa in die USA eingeführt wurde, wo sie erfolgreich zur biologischen Bekämpfung von Kohlweißlingsraupen eingesetzt wurde. Länge: 3–4 mm.

1

2

3

## Familie Cynipidae, Gallwespen

1–4 **Biorhiza pallida** OL, Schwammgallwespe. – Bringt zwei Gallentypen hervor, beide an Eichen, jedoch an verschiedenen Organen. An den Zweigen wachsen Gallen von Kugel- bis Kartoffelform (**1**) heran, an den Wurzeln (etwa 1 m tief) kleinere kugelige Gallen. In den Gallen an den Zweigen entwickeln sich Männchen und Weibchen, in den Wurzelgallen nur Weibchen.

Die kartoffelförmige Zweiggalle entsteht von dem Augenblick an, in dem das Gallwespenweibchen mit seinem langen, festen Legebohrer während der Winterzeit (Dezember–Februar) eine große Knospe am Eichenzweig angestochen und seine Eier hineingelegt hat. An dieser Stelle beginnt die Gallenbildung. Die Galle ist zunächst weich, fleischig, später – gegen Ende – schwammig. Ihre Farbe ist weißlich bis gelblich, manchmal zum Teil rot. Bereits in der winzigen Galle bilden sich allmählich die Kämmerchen, in denen sich die ganze Larvenentwicklung abspielen wird. Durch Zellwachstum entsteht Primärgewebe, reich an Nährstoffen (Eiweiße, Öle). Später entsteht eine Stärkeschicht. Zu dieser Zeit ist die Galle etwa 4 mm groß. Die Larve wächst im Kämmerchen langsam heran, eingehüllt von einer großen Menge ergiebiger Nahrung. Später entwickelt sich in der Galle auch Sekundärgewebe, das bis zum Entwicklungsende als Nahrung dient. Die Galle ist von Leitbündeln durchzogen, die bis ins Gewebe der Larvenkämmerchen reichen. In der ausgewachsenen Galle verhärtet sich das Grundgewebe, vor allem um die Kämmerchen herum. Da diese oft ganz dicht beieinander sitzen, entsteht so eine harte, kompakte Masse. Etwa Mitte Juni ist die Galle ausgewachsen, im Juli endet das Larvenwachstum in den Kammern, die Tiere verpuppen sich. Bald darauf schlüpfen die Gallwespen. Das sind sowohl Männchen als auch Weibchen, die Geschlechter unterscheiden sich beträchtlich voneinander. Die Männchen sind geflügelt, die Weibchen meist ungeflügelt oder mit verkümmerten Flügeln, nur selten geflügelt. Kurz nach dem Schlüpfen der Gallwespen vertrocknet die Galle. An ihrer Oberfläche sind die Schlupföffnungen zu sehen. Im Querschnitt sind die Kämmerchen gut sichtbar, in denen sich die Larvenentwicklung (**2**) abspielt. Die befruchteten Weibchen dieser Generation verkriechen sich ins Erdreich, wo sie in der Zeit von Mitte bis Ende Juli Eier in Eichenwurzeln legen. An diesen Stellen entsteht später der zweite Gallentyp. Er ist mehr oder weniger kugelig und weißlich-rötlich gefärbt. Manchmal sind diese Gallen selbständig, doch verbinden sie sich sehr häufig zu einem traubenförmigen Gebilde von maximal 50 mm Durchmesser. Im Gegensatz zu den schnell wachsenden Zweiggallen dauert das Wachstum dieses Typs 16–18 Monate. Im Winter des folgenden Jahres schlüpfen aus diesen Gallen ausgewachsene Gallwespen. Das sind nur Weibchen, wesentlich größer als bei der Sommergeneration und stets ungeflügelt (**3, 4**). Die Weibchen dieser Generation suchen Knospen in den Zweigen auf, um dort unbefruchtete Eier zu legen. Hier entsteht dann wieder die schon beschriebene knollige Galle. Der Entwicklungszyklus beider Generationen dauert zwei Jahre.

Genau wie andere Gallen werden auch diese häufig von verschiedenen kleinen Hymenopteren parasitiert.

Diese Gallwespenart ist über einen großen Teil von Europa, in Kleinasien und Nordafrika verbreitet.

Knollenförmige oberirdische Galle 20–40 mm, unterirdische Wurzelgalle ca. 5 mm; ungeschlechtliche Generation ♀ 3,5–6 mm, Geschlechtsgeneration ♂ 1,9–2,3 mm, ♀ 1,7–2,8 mm.

1

2

3 ♀

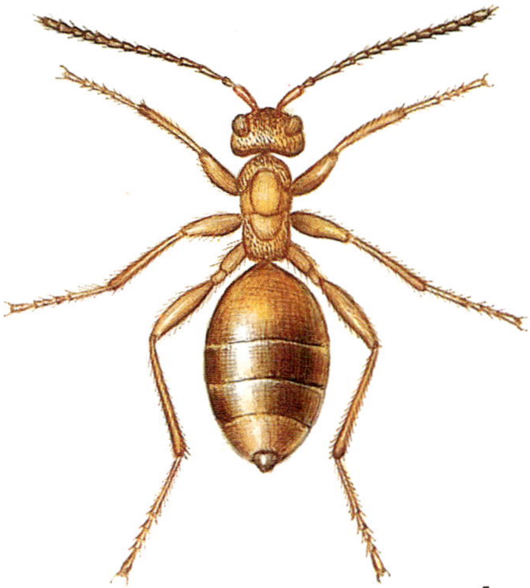

4 ♀

## Familie Cynipidae, Gallwespen

1–4 **Cynips quercusfolii** L., Gemeine Eichengallwespe. – Bildet Gallen an verschiedenen Eichenarten. Ihre Blattgallen sind allgemein bekannt. Auch bei dieser Gallwespe treten zwei Generationen auf, die sich in zwei verschiedenen Gallentypen entwickeln.
Hier soll nun der Entwicklungszyklus der Eichengallwespe von den kugelförmigen Galläpfeln an geschildert werden, die in manchen Jahren recht zahlreich auftreten. Am besten sind sie von Juli bis Oktober zu sehen. Die Galle ist durch ein kurzes Stielchen am Blattnerv befestigt, zunächst grün (**2**), später vergilbend und auf der dem Licht zugewandten Seite rot (**1**). Anschließend wird sie braun, runzelig, doch bleibt sie am Blatt. Der junge Gallapfel ist von feinem, wasserhaltigem Zellgewebe erfüllt. In ihm befindet sich eine einzige, 3–4 mm große Kammer, in der sich die ganze Entwicklung (**3**) der Gallwespe abspielt. Die Larve ernährt sich vom Gallengewebe, in der Kammer verwandelt sie sich zur Puppe. Die Imago schlüpft im Winter von Dezember bis Februar, sie beißt sich langsam durch das Gallengewebe an die Oberfläche vor und schlüpft bei günstiger Witterung ins Freie. Diese Imagines sind nur Weibchen (**4**), sie vermehren sich parthenogenetisch. Das Weibchen legt seine Eier in die Adventivknospen an Eichenstämmen und -ästen. Dort beginnt eine kleine, länglich-ovale, knospenförmige Galle zu wachsen, die zunächst rot, später samtig violett ist. Darin entwikkelt sich gleichfalls eine Larve, die sich schließlich verpuppt. Aus diesen Puppen schlüpfen im Mai/Juni kleine Imagines – Männchen und Weibchen. Die befruchteten Weibchen dieser Generation legen ihre Eier an die Blattunterseite in Blattnerven. Hier entsteht wieder der schon beschriebene Gallapfel. Beide Eichengallwespen-Generationen entwickeln sich im Verlauf eines einzigen Jahres.
Die Art ist über ganz Europa sowie in Kleinasien verbreitet.
Gallapfel 10–20 mm (und größer), Knospengalle ca. 3 mm lang; Imago der ungeschlechtlichen Generation ♀ 3,4–4 mm; Geschlechtsgeneration ♂ 2–2,5 mm, ♀ 2,3–2,7 mm.

5 **Cynips longiventris** Hart. Sehr auffällig gefärbte Galle, die an der Blattunterseite verschiedener Eichenarten entsteht. Im Galleninneren sitzt eine einzige Kammer, in der sich Larvenentwicklung und Verpuppung abspielen. Die Galle reift im Oktober heran und fällt mit dem Blatt im Herbst zu Boden. Das Weibchen dringt bis zur Gallenoberfläche vor, durchbeißt im Dezember die Gewebeoberschicht und kriecht heraus. Es sucht Adventivknospen an Stämmen und Zweigen auf, in die es ein Ei legt. Die Knospe verwandelt sich dann zum großen Teil in eine länglich-ovale Galle, die an ihrem Gipfel leicht zugespitzt ist. Färbung überwiegend grünlich-grau, die Oberfläche ist dicht weiß behaart. Im Galleninneren sitzt die Larvenkammer, in der sich die Larve entwickelt und auch verpuppt. Die Galle reift im Laufe von Mai/Juni heran. In dieser Zeit schlüpfen Männchen und Weibchen, sie ähneln weitgehend der vorigen Art, doch läßt sich die Blattgalle der Weibchen dieser Geschlechtsgeneration in unserer Fauna mit keiner anderen Art verwechseln.
Diese Gallwespe ist in Mittel-, West- und Südwesteuropa verbreitet, in den Südgebieten der UdSSR sowie in Nahost.
Blattgalle 8–10 mm, Knospengalle 2 mm, ungeschlechtliche Generation ♀ 2,9–3,6 mm; Geschlechtsgeneration ♂ 2–2,5 mm, ♀ 2,3–2,7 mm.

1

2

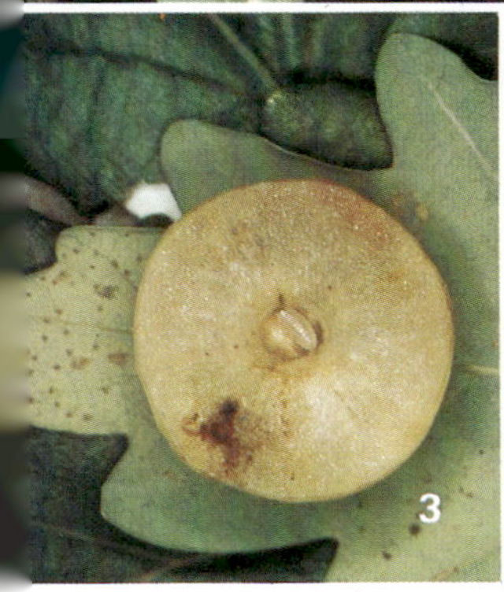
3

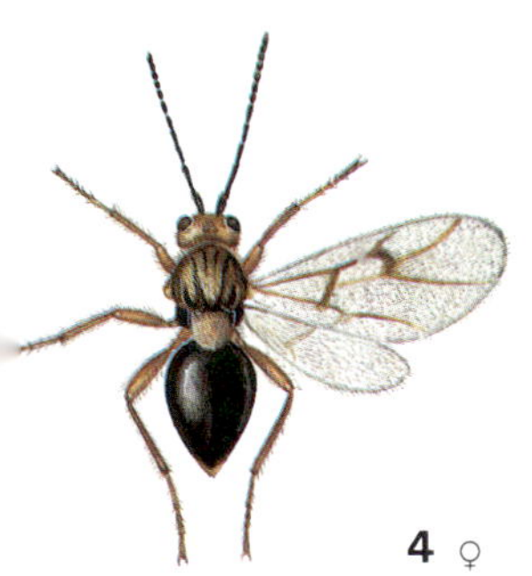
4 ♀

5

## Familie Cynipidae, Gallwespen

1 **Andricus coriarius** (HARTIG). Bildet sehr auffällige und daher auch leicht zu bestimmende Gallen an den Zweigen der verschiedenen Eichenarten (**1**). Die Galle ist bräunlich gefärbt, hart und nicht klebrig. Sie hat eine unregelmäßige Form, aus ihr ragen zahlreiche fast gerade oder gekrümmte, bis 10 mm lange Fortsätze, die an Rinderhörner erinnern. Die Gallen dieser Gallwespe unterscheiden sich durch ihren inneren Bau von denen der anderen Arten dieser Gattung. Sie sind nicht einkammerig, sondern haben mehrere Kammern. Die Kammern sind oval, in ihnen spielt sich die gesamte Entwicklung ab. Die Galle reift im Lauf des September heran, fällt aber nicht ab, sondern bleibt am Zweig. Die Imago erscheint im Spätherbst und Winter, bislang sind nur Weibchen bekannt.
Diese wärmeliebende Gallwespe ist in Mittel- und Südeuropa, Kleinasien und im Vorderen Orient verbreitet. Länge: Galle im Durchmesser bis 25 mm, Imago (♀) 3–4 mm lang.

2, 3 **Andricus foecundatrix** HTG. Wird auch als *A. foecundator* bezeichnet. Vor allem wegen ihres zapfenförmigen Gebildes an den Eichenzweigen bekannt; in diesem Zapfen ist die eigentliche Galle verborgen. Im Entwicklungszyklus dieser Gallwespe tritt noch ein weiterer Gallentyp auf – winzige Gallen in den männlichen Eichenblütenkätzchen.
Die zapfenförmige Eichenrose erscheint im Sommer und Herbst meist an Stelle von Nebenknospen. Sie ist anfänglich grün, und die einzelnen Schuppen liegen dachziegelartig (**2**) dicht aneinander. Später ist sie gelbbraun und schließlich braun. In der letzten Phase geht die Eichenrose auf (**3**). Eine einzige Eichenrose wird von etwa 150 behaarten Schuppen gebildet, die sich in Form und Größe voneinander unterscheiden. Die Außenschuppen sind breiter und kürzer als die Innenschuppen. An der Basis der Eichenrose sitzt die eigentliche Galle, sie ist oval, an einem Ende zugespitzt, anfänglich grüngelb, später rotbraun. In ihr verläuft die Larven- und Puppenentwicklung. Zuletzt fällt die Galle aus der Eichenrose zu Boden, wo ihre Wandung hart wird. Im Herbst löst sich auch die Eichenrose vom Zweig und fällt herab. Die Galle überwintert, und im Frühjahr (meist noch nach einer wiederholten Überwinterung) schlüpft das Weibchen. Parthenogenetisch, d. h. ohne Befruchtung, legt es seine Eier in die Knospen der künftigen männlichen Kätzchen, aus denen später sehr kleine eiförmige, zuerst grüne, später hellbraune Gallen entstehen, die im Mai heranreifen. In diesen Gallen verläuft die Metamorphose der künftigen Geschlechtsgeneration (Männchen und Weibchen); die Imago schlüpft im Juni. Die befruchteten Weibchen dieser Generation legen je ein Ei in die ruhenden Knospen auf den Zweigen. Die Knospen verwandeln sich im Laufe des Sommers in eine Eichenrose.
Diese Gallwespe ist fast über ganz Europa verbreitet und reicht bis in den Mittleren Osten.
Eichenrose 20–30 mm lang, die Galle darin 6–10 mm lang, Galle in den männlichen Blütenkätzchen ca. 2,2 mm lang; ungeschlechtliche Generation ♀ 4,3–4,8 mm, Geschlechtsgeneration ♂ 1,5–1,6 mm, ♀ 1,6–1,9 mm.

1

2

3

## Familie Cynipidae, Gallwespen

1 **Andricus kollari** (HART.). Gehört zu den verhältnismäßig gängigen und weit verbreiteten Arten, geht bis in die Gebirgszone hinauf. Auch sie bildet zwei beträchtlich unterschiedliche Gallentypen. Besonders auffällig und kaum mit einer anderen Gallwespe zu verwechseln sind solche, in denen sich die ungeschlechtlich entstandenen Weibchen entwickeln. Diese entstehen an den Seiten- oder Endknospen junger Zweige verschiedener Eichenarten. Die Galle dieser Wespenart ist kugelig, glatt, manchmal mit winzigen Auswüchsen. Anfangs ist sie kleiner, grün gefärbt und fein beflaumt. Sobald sie heranwächst, verfärbt sie sich hellocker bis bräunlich und ist kahl. Nach und nach wird sie auch ziemlich hart. Dieser Gallentyp wächst meist auf Eichengebüsch, das auf schlechtem Boden vegetiert. Oft entstehen mehrere, wenigstens 2–3 in unmittelbarer Nachbarschaft, zwischen ihnen erscheinen Blätter (**1**). Im Galleninneren liegt die leicht gestreckte Larvenkammer, umhüllt von einer schwachen Schutzschicht. Darin spielt sich die ganze Larvenentwicklung und schließlich auch die Verpuppung ab. Die Galle ist im August ausgewachsen, manchmal aber auch später. Die agamen Weibchen bohren sich einen Gang an die Oberfläche und schlüpfen im Laufe des August durch eine rundliche Öffnung aus der Galle. In Färbung und anderen Körpermerkmalen ähneln sie verschiedenen anderen Gallwespenarten, z. B. *Andricus lignicola, A. calyciformis* und weiteren, so daß man die einzelnen Arten zuverlässig (und im ganzen recht einfach) nur anhand der agamen Gallen unterscheiden kann. Es kommt auch vor, daß zwei oder drei Gallen dieser Art zu einem einzigen unregelmäßigen Gebilde verwachsen.

Die unbefruchteten agamen Weibchen legen den zweiten Gallentyp an: Diese sind klein und unauffällig, braungelblich bis grau gefärbt, oval, auf der Oberseite feinkörnig. Sie wachsen in Neben- oder Endknospen der Zerr-Eiche *(Quercus cerris)*, in die die agamen Weibchen Eier gelegt haben. In einer einzigen Knospe entstehen normalerweise mehrere Gallen, die im April reif sind. Die Imagines dieser Geschlechtsgeneration (♂, ♀) schlüpfen im Laufe des April/Mai. Die befruchteten Weibchen dieser Generation legen ihre Eier in Knospen, und so kommt die zu Anfang beschriebene agame Generation zustande.

Diese Gallwespe ist vorwiegend in Mittel-, Süd- und Westeuropa verbreitet, auch auf den Britischen Inseln, in Nordafrika und Kleinasien bekannt.

Kugelige agame Galle 10–15, aber auch 33 mm im Durchmesser, Knospengalle (Wintergalle) 2–3 mm lang und 2 mm breit; ungeschlechtliche Generation (♀) 4,8–6 mm lang; Geschlechtsgeneration (♂, ♀) ca. 2 mm lang.

2, 3 **Andricus hungaricus** (HART.). Bildet mit die größten und auffälligsten Eichengallen. In einer mächtigen Galle (**3**) mit höckeriger Oberfläche ist eine kleine, nur etwa 4–5 mm große Innengalle eingeschlossen, in der sich die Entwicklung der künftigen Imago (**2**) abspielt. Die Galle reift im Herbst und fällt ab, aber die Imago (Weibchen) schlüpft erst im folgenden Frühjahr im Februar oder März.

Diese Gallwespe ist wärmeliebend und kommt in Mittel- und Südosteuropa stellenweise häufig vor. Gallendurchmesser bis 40 mm, Länge (♀) 3,8–5,3 mm.

1

2

3

## Familie Cynipidae, Gallwespen

**1, 2 Andricus lignicola** (HART.). Bildet kugelige Gallen, die normalerweise an den Neben-, selten auch an Endknospen an den Zweigen verschiedener Eichenarten entstehen. Das Innengewebe ist rosarot. Die Gallen sind sehr fest und holzig, im Entwicklungsverlauf verfärben sie sich. Manchmal sitzen sie einzeln, in anderen Fällen wachsen ganze Grüppchen unmittelbar beieinander (**1**). Im Galleninneren sitzt eine abgeplattete Larvenkammer, in der sich die Entwicklung vollzieht. Diese Kammer liegt nahe am Fuß der Galle, dort, wo sie an der Wirtspflanze festsitzt. Die Galle reift im Spätsommer heran, fällt nicht ab und überwintert am Zweig. Die Imago (agames Weibchen) erscheint erst im Juni/Juli des folgenden Jahres. Diese agamen Weibchen legen ihre unbefruchteten Eier in End- oder Nebenknospen von Eichen (**2**). In ihnen entwickeln sich winzige Gallen, die im Februar reif sind. Im März und April schlüpfen die Imagines (♂, ♀). Das Weibchen bringt nach der Befruchtung die weitere Generation hervor, die sich in den kugeligen Gallen entwickelt.
Diese Gallwespe ist fast über ganz Europa verbreitet.
Kugelige Galle 8–10 mm im Durchmesser, Galle der Geschlechtsgeneration 2 mm lang; ungeschlechtliche Generation (♀) 4–4,5 mm; Geschlechtsgeneration (♂, ♀) 2 mm lang.

**3 Andricus quercuscalicis** (BURGSD.), Knopperngallwespe. – Bringt ebenfalls zwei völlig verschiedene Gallentypen hervor. Die an den Eicheln wachsenden und diese deformierenden Gallen (**3**) sind allgemein bekannt; im Herbst (Ende August) fällt die Galle mit den Eicheln ab. Anfänglich ist sie grün und hat eine stark klebrige Oberfläche, später wird sie braun und hart. Sie sitzt sehr fest auf der Eichel. Ihre Form ist nicht regelmäßig, manchmal ist sie kleiner, sonst bedeckt sie die ganze Eichel. Auf ihrer Oberfläche sitzen 5–8 unregelmäßig gekrümmte, gratscharfe Längskiele. Das Galleninnere ist hohl, der Hohlraum mündet an der Gallenspitze in eine rundliche Öffnung. Auf dem Boden dieser Höhlung sitzt die ellipsoide Innengalle, in der sich die Imago entwickelt. Manchmal finden sich hier auch zwei, gegebenenfalls auch mehrere Innengallen. Die Imago in der Galle ist schon während des November fertig, doch schlüpft sie erst im folgenden Frühjahr (Februar oder März) heraus, sie kann aber auch ein weiteres Jahr in der Galle verweilen. Aus den Gallen schlüpfen gelbrot gefärbte Weibchen, die den Weibchen verschiedener anderer Arten stark ähneln. Diese Weibchen gründen ohne Befruchtung die folgende Generation, die sich in Gallen an den Achsen männlicher Blütenkätzchen von Zerr-Eichen entwickeln. Die ovalen Gallen in den Blütenkätzchen haben eine feine Außenhaut, sie sind zunächst grünlich, später bräunlich, matt. Die Entwicklung in ihnen geht schnell vor sich, schon im Mai schlüpfen Exemplare der geschlechtlichen Generation – sehr kleine Männchen und Weibchen. Die befruchteten Weibchen legen die nächste Generation an, die sich in den Eichengallen entwickelt.
Diese Gallwespe ist vor allem in Süd- und Mitteleuropa sowie Kleinasien verbreitet.
Eichelgalle 15–20 mm hoch und 18–25 mm breit; Galle in den männlichen Blütenkätzchen der Eiche 1–2 mm; ungeschlechtliche Generation (♀) bis 5 mm lang; Geschlechtsgeneration (♂, ♀) 1,3–1,5 mm.

1

2 ♀

3

## Familie Cynipidae, Gallwespen

1, 2 **Neuroterus quercusbaccarum** L. Wird vor allem in der älteren Literatur als *N. lenticularis* bezeichnet. Entwickelt sich auf Eichen. Auch diese Gallwespe bringt zwei verschiedene Gallentypen hervor, was übrigens fast der Regelfall ist. Auffälliger ist die linsenförmige Galle, die schon ab Juli an der Blattunterseite (**1**) wächst. Normalerweise sitzen auf einem Blatt mehrere Gallen beieinander, ihre Unterseite ist platt, Oberseite leicht gewölbt, die Galle sitzt mit einem kurzen Stielchen am Blatt. Meist ist sie gelblichgrün oder rötlich, oberseits zunächst mit weißlichen, später rötlichen oder bräunlichen Härchen (**2**) besetzt. Im Galleninneren befindet sich ein Kämmerchen, in dem die gewebefressende Larve lebt. Im Herbst fällt die Galle zu Boden und überdauert in der Laubstreu bis zum Frühjahr. Die Larve wächst langsam heran und verpuppt sich im Vorfrühling (März). Aus den Puppen dieser linsenförmigen Galle schlüpfen im März nur Weibchen, diese legen unbefruchtet die Eier der nächsten Generation in Eichenknospen. Diese entwickeln sich in kugeligen, saftigen Galläpfeln, die am besten im Frühjahr einerseits auf der Unterseite von Eichenblättern, andererseits in den männlichen Eichenblütenkätzchen zu sehen sind. Auch in diesem Gallapfel entwickelt sich eine Larve und verpuppt sich darin. Aus den Puppen in diesen Gallen schlüpfen im Juni sowohl Männchen als auch Weibchen. Das befruchtete Weibchen legt dann seine Eier im Juni und Juli ins Gewebe der Eichenblattunterseite, wo nach und nach die schon beschriebene linsenförmige Galle entsteht. Die Entwicklung beider Generationen vollzieht sich in einem einzigen Jahr.

Diese Gallwespe lebt in einem Großteil Europas, in Kleinasien und Nordafrika.

Durchmesser der linsenförmigen Galle 5–6 mm, Höhe 2 mm; Durchmesser der kugeligen Galle 5–8 mm; ungeschlechtliche Generation (♀) 2,5–2,8 mm; Geschlechtsgeneration ♂ 2,7–2,9 mm, ♀ 2,5–2,8 mm.

3 **Neuroterus numismalis** Fourcr. Ähnliche Entwicklung wie bei der vorigen Art: Auch sie bringt zwei weitgehend unterschiedliche Gallentypen hervor, beide wachsen auf Eichenblättern. Sehr auffällig und häufig ist die becherförmige Galle (**3**) an der Blattunterseite. Zunächst ist sie flach, später entsteht an der Peripherie ein Wulst, die Gallenmitte ist eingedrückt, so daß eine seichte Vertiefung entsteht. Die ganze Gallenoberfläche ist mit seidigen, dichten, bräunlichen Härchen bewachsen, am Blatt ist sie mit einem kurzen Stielchen verankert. Die Galle übersteht den Winter in der Laubstreu am Boden. Die in ihrem Inneren lebende Larve verpuppt sich, im März verwandelt sich die Puppe zum Weibchen (diese Generation hat keine Männchen). Das Weibchen legt seine Eier in größere Eichenknospen. Später erscheint auf den Blättern der zweite, weniger auffällige Gallentyp; diese Galle ist rund, unterseits platt, oberseits schwach gewölbt. Die Entwicklung von Larven und Puppen in diesen Gallen dauert bis Ende Mai, eventuell bis Anfang Juni, dann schlüpfen die Vollinsekten – Männchen und Weibchen. Die befruchteten Weibchen dieser Generation legen ihre Eier in die Blattunterseite, wo allmählich die becherförmigen Gallen entstehen. Die Entwicklung beider Generationen spielt sich in einem einzigen Jahr ab.

*N. numismalis* ist in einem Großteil Europas und in Kleinasien verbreitet.

Durchmesser von becherförmiger und runder Galle ca. 3 mm; ungeschlechtliche Generation (♀) 2–2,7 mm; Geschlechtsgeneration ♂ 2 mm, ♀ 0,9–1,2 mm.

1

2

3

## Familie Cynipidae, Gallwespen

1, 2 **Diplolepis rosae** L., Gemeine Rosengallwespe. – Eine der häufigsten von mehreren einheimischen Gallwespenarten, deren verschiedene Gallen auf Rosen entstehen. Die Galle dieser Wespe, als Schlafapfel oder Bedeguar bekannt, ist im Sommer und Frühherbst schon von weitem an Heckenrosensträuchern zu erkennen. Sie wächst meist auf Blatt, Blattstiel oder Jungtrieb, nur selten in Blüte und Frucht. Die Galle ist über und über mit langen, reich verzweigten grünlichen, rötlichen und gelblichen Haaren (**1**) bewachsen, ihre Größe schwankt. Sehr häufig verwachsen mehrere benachbarte Gallen miteinander, das ganze Gebilde kann faustgroß werden. Oft ragen daraus unveränderte oder nur geringfügig umgeformte Blätter hervor. Bei den großen Bedeguaren, die bei ihrem Wachstum viel Nährstoffe brauchen, geht die Triebspitze meist an Unterernährung ein, so daß die Galle an der Zweigspitze sitzt.

Galle und Entwicklung dieser Gallwespe unterscheiden sich weitgehend von anderen Arten. Im Galleninneren entwickelt sich in einer Kammer die Larve. Die Zellen der Kammerwandung sind dünnwandig, klein, reich an Eiweißen und ölhaltigen Stoffen. Sie liefern die Nahrung der Larve. Eine kleinere Galle enthält in der Regel nur eine einzige Larvenkammer, große, durch Verwachsung entstandene Stücke enthalten mehrere Kammern. Die Larve wächst in der Galle heran und verpuppt sich gegen Ende des Sommers, die Puppe überwintert. Im Herbst ändert die Galle Färbung und Beschaffenheit. Die frischgrünen Stacheln vertrocknen, werden braun, die Galle wird hart und bleibt am Strauch als dunkler, unregelmäßiger Bausch zurück. Bild **2** zeigt den Querschnitt durch eine alte Galle. Im folgenden Frühjahr schlüpfen die Gallwespen, in der Regel nur Weibchen; Männchen sind selten, auf mehrere hundert Weibchen kommt ein einziges Männchen.

Ausgewachsene Rosengallwespen findet man in der Natur mehr oder weniger durch Zufall. Dafür lassen sie sich aber leicht zu Hause aus Gallen aufziehen, die man im Frühjahr am Rosenstrauch schneidet und bei einer bestimmten Luftfeuchtigkeit aufbewahrt (sie dürfen nicht austrocknen). Bei der Untersuchung der geschlüpften Exemplare muß man sehr aufmerksam vorgehen. Der Schlafapfel wird nämlich auch von sehr vielen Gallwespenparasiten bewohnt, die sich hier auf Kosten der Rosengallwespen-Nachkommenschaft entwickeln.

Die Rosengallwespe ist fast in ganz Europa verbreitet. Länge: 3,7–4,3 mm.

## Familie Torymidae

3, 4 **Torymus bedeguaris** L. Ständiger Begleiter der Rosengallwespe. In der Körperfärbung überwiegen Grün, Blau und Purpur. Die Pracht der metallisch schimmernden Färbung und der feinen Skulpturen bewundert jeder, der diese Insekten unter dem Mikroskop betrachten kann. Die Flügel sind sehr fein mit reduziertem Geäder. Die Weibchen tragen einen ziemlich langen Legebohrer (**3**), bei der Eiablage müssen sie damit bis in die Kammer des Bedeguarinneren vorstoßen, wo sich die Larve der Rosengallwespe entwickelt. Deren Körper liefert der *Torymus*-Larve Nahrung. Die ausgewachsene Larve verpuppt sich in der Galle. Die Männchen (**4**) besitzen keinen Legebohrer. Auch diese Imago läßt sich leicht aus einem Schlafapfel aufziehen, ähnlich wie die des Wirts.

Verbreitung: Großteil Europas. Länge: 4 mm.

1

2

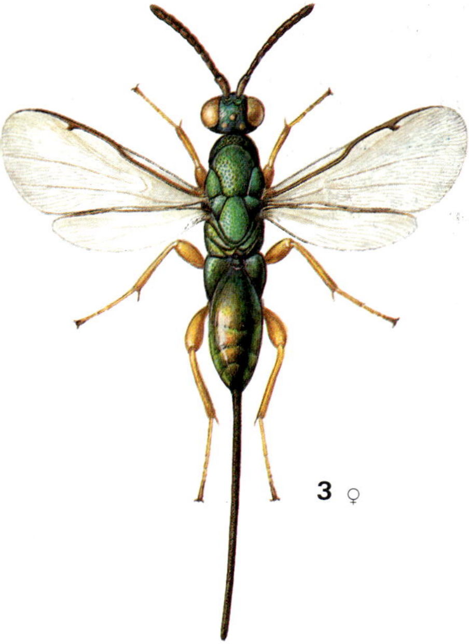

3 ♀

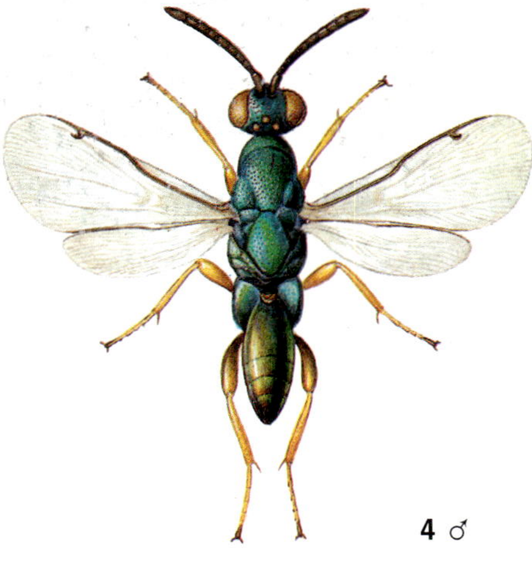

4 ♂

## Familie Cynipidae, Gallwespen

1 **Diplolepis eglanteriae** (HART.). Bringt nur einen einzigen Gallentyp hervor, wechselt also nicht zwei Gallentypen und zwei Generationen ab. Die Gallen kommen fast überall auf verschiedenen Rosenarten vor und sind kugelig mit feiner, glatter Oberfläche. Ihre Farbe ist grün, oft rötlich, schließlich bräunlich. Die Galle trägt an einer Stelle ein winziges Stielchen, mit dem sie an einem Organ der Wirtspflanze verankert ist. Meist sitzt sie an der Unterseite der Blattspreite, doch kommt sie häufig auch auf der Oberseite vor. Oft sitzen mehrere Gallen in unmittelbarer Nachbarschaft nebeneinander (**1**). Sehr häufig sitzen sie auf einem stärkeren Blattnerv, aber auch auf der Fläche zwischen der Nervatur, auf Blattstielen, Stacheln, Zweigrinde, sogar auf den Haaren der Bedeguare, die die Rosengallwespen auf der Rose hervorbrachten. Im Galleninneren befindet sich ein einziges Kämmerchen, in dem sich die Entwicklung abspielt. Die Galle wird im Sommer reif und fällt oft bei der geringsten Berührung ab. Die Imago schlüpft aber erst im Mai/Juni des folgenden Jahres und verläßt dann die Galle. Manchmal hat diese Galle auch eine unregelmäßige Form und besitzt im Inneren mehrere Kammern. Das ist dann der Fall, wenn sich in ihr irgendwelche Kommensalen, d. h. Nahrungsnutznießer entwickeln. Die Galle dieser Art ähnelt weitgehend der Galle von *Diplolepis centifoliae,* deren Oberfläche aber von spitzen Papillen bedeckt ist.

*D. eglanteriae* ist über einen großen Teil Europas verbreitet.

Gallendurchmesser 3–5 mm, Länge ♂ 2,3–3 mm, ♀ 2,7–3,3 mm.

2, 3 **Diastrophus rubi** (BOUCHÉ), Brombeergallwespe. – Bildet gleichfalls nur einen einzigen Gallentyp und folglich nur eine einzige Generation. Die Galle dieser Art ist sehr auffällig (**2**), sie kommt hauptsächlich an den Stengeln von Brombeer- und Himbeersträuchern vor, selten auch auf den Blattstielen. Die Gallen an den Blattstielen sind klein und enthalten meist nur eine bis drei Kammern. Die Gallenoberfläche ist glatt, nicht aufgeplatzt. In ihrem Inneren birgt sie eine größere Zahl ovaler Kämmerchen, jedes ist etwa 2,5–3 mm groß. Die Existenz der Kämmerchen kann man schon an der Gallenoberfläche an den unregelmäßigen Erhebungen erkennen, die je eine eigene Galle darstellen. Am besten sind die Kämmerchen im Schnitt zu sehen (**3**), dann erscheint in jeder Kammer eine einzige weiße, beinlose Larve, die sich schließlich dort verpuppt. Die Vollinsekten (Männchen und Weibchen) schlüpfen im Mai des folgenden Jahres und erscheinen bis Juni. Die Weibchen legen ihre Eier in Brombeer- und Himbeerzweige, dort entwickelt sich dann die beschriebene Galle. Die Äste der befallenen Pflanzen sind brüchig, fast unfruchtbar und trocknen ein.

Die Larven dieser Gallwespe leiden unter starkem Parasitenbefall durch kleine Erzwespen.

Die Brombeergallwespe ist fast über ganz Europa verbreitet.

Gallenlänge 15–80 und mehr mm, Breite 5–10 mm; ♂ 2–2,2 mm, ♀ 2,3–2,8 mm.

1

2

3

## Familie Aphelinidae

1 **Aphelinus mali** (HALD.), Blutlauszehrwespe. – Bestandsregulierer der Blutlaus *(Eriosoma lanigerum)* und ihr Feind Nummer eins. Die Heimat des winzigen Insekts sind die USA. Nachdem die günstige Wirkung bei der Eindämmung der Blutlaus entdeckt worden war, wurde diese Wespe in Obstanbaugebieten inner- und außerhalb Amerikas ausgesetzt. Nach Europa wurde sie 1920 eingeführt, seither hat sie sich hier mit menschlicher Hilfe und auch durch eigene Aktivität verbreitet.
Die Imago läßt sich in der Natur nur unter Schwierigkeiten sammeln, jedoch einfach aus einer Blutlauskolonie aufziehen. In der Regel bewegt sie sich laufend, fliegend nur über kurze Entfernungen, doch kann sie vom Wind auch kilometerweit getragen werden. Das Weibchen legt im Laufe des Lebens etwa 50–100 Eier. Mit dem Legebohrer durchbohrt es die Außenhaut der Blutlaus und legt in deren Körper ein einziges Ei. Dieses ist außerordentlich groß, immerhin beträgt seine Länge ein Viertel bis ein Sechstel des weiblichen Körpers! Die Eiablage geht schnell vonstatten, nur selten braucht das Weibchen dazu mehr als eine Minute. Die befallene Blutlaus wird schwarz, in ihrem Körper entwickelt sich eine Larve, die ihren Körperinhalt verzehrt und sich schließlich auch dort verpuppt. Der Parasit beißt sich durch eine Öffnung ins Freie durch, die vertrocknete Blutlaushaut bleibt an der Pflanze kleben. Im Laufe eines Jahres entstehen 6–10 Generationen, die Zahl hängt vom Klima ab.
Die Blutlauszehrwespe ist ein bewährter Blutlausverfolger, dessen Wert um so größer ist, da die Blutlaus einziger Wirt ist. Länge: 0,8–1,3 mm.

2 **Aphytis mytilaspidis** (LE BAR.). Vor über 100 Jahren in Amerika entdeckt, wo sie aus der Kommaschildlaus *(Lepidosaphes ulmi)* geschlüpft ist. Beim Studium ihrer Lebensweise und Verbreitung wurde festgestellt, daß sich die Larve nicht nur in der Kommaschildlaus, sondern in einer ganzen Reihe weiterer Schildlausarten (Diaspididae) entwickelt.
Diese Wespe (**2**) läßt sich leicht aus einer Schildlauskolonie aufziehen: Man muß nur ein Stück Zweig, auf dem die Schildläuse gemeinsam saugen (sehr häufig auf Apfelbäumen, Weiden u. a.), abschneiden und in ein Gefäß stecken, das mit Nylongewebe zugebunden wird. Binnen kurzem schlüpfen alle möglichen kleinen Parasiten aus, unter denen meist auch die gelb gefärbten, winzigen Zehrwespen nicht fehlen. Unter mitteleuropäischen Bedingungen entstehen meist zwei Generationen. Das Weibchen sucht einen geeigneten Wirt aus, durchbohrt mit dem Legebohrer seinen Schild und legt auf das unter dem Schild verborgene Wirtstier ein Ei. Die Larve ist ziemlich breit und hält sich ebenfalls auf dem Wirtskörper auf, dessen Gewebe sie langsam konsumiert. Den größten Teil der Populationen bilden Weibchen, Männchen sind weniger zahlreich, mancherorts treten sie überhaupt nicht auf. Die Imago bewegt sich aktiv nur über kurze Entfernungen, doch kann sie vom Wind auch recht weit davongetragen werden.
Auch diese winzige Wespe ist ein natürlicher Schildlausregulierer. Ihre Verbreitung erstreckt sich über weite Gebiete der paläarktischen und nearktischen Region.
Länge: 0,7–1,3 mm.

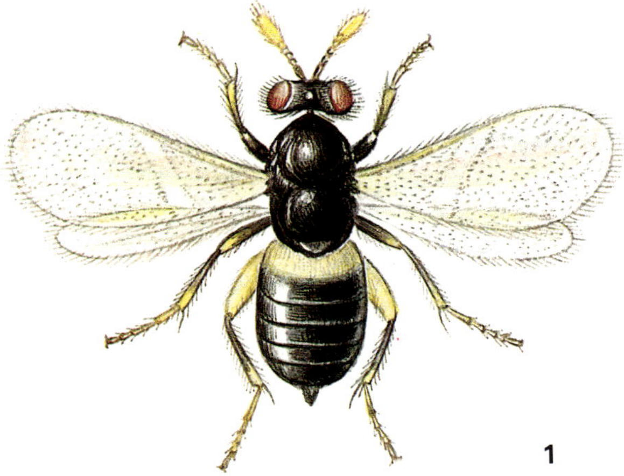

1

2

## Familie Scoliidae, Dolchwespen

1 **Scolia maculata** Dr. Gehört zu den größten Hautflüglern der europäischen Fauna. Zwischen Männchen und Weibchen besteht eine Reihe von Unterschieden: Das Weibchen (**1**) ist robuster, hat einen großen Kopf, kurze 12gliedrige Fühler und ist mit einem Stachel ausgerüstet, der mit Giftdrüsen in Verbindung steht. Das Männchen hat einen kleinen Kopf, lange gerade, 13gliedrige Fühler und keinen Stachel. Die Imago ist sehr wärmeliebend, fliegt bei Tag und sucht Blüten in den unterschiedlichsten Strauch- und Krautbeständen auf, aus denen sie Nektar saugt.
Höchst interessant ist die Entwicklung dieser Riesendolchwespe, die auf Kosten von Nashornkäferlarven *(Oryctes nasicornis)* vor sich geht. Das Dolchwespenweibchen ist in der Lage, schon einige Stunden nach der Befruchtung Eier zu legen. Zunächst muß es den künftigen Wirt seiner Larve in einem guten Versteck ausfindig machen. Sobald das geschehen ist, gräbt es sich mit Kiefern und Vordergliedmaßen zu ihm durch und spritzt mit dem Stachel Gift in seinen Körper. Die so paralysierte Käferlarve verliert ihre aktive Bewegungsfähigkeit und verwandelt sich in eine Art lebende Konserve, die für eine gewisse, zur Entwicklung der Dolchwespe notwendige Zeit nicht verdirbt. Anschließend reinigt das Weibchen die Wirtslarve und beseitigt dabei auch etwaige Schmarotzer. Schließlich klebt es an die Körperunterseite ein einziges Ei. Die geschlüpfte Dolchwespenlarve beißt die Haut ihres Wirtes an, steckt den Kopf in dessen Körper und ernährt sich von dessen Hämolymphe und Körpergewebe. Die Entwicklung muß schnell vor sich gehen, damit die paralysierte Käferlarve nicht verdirbt. Im Laufe ihrer Entwicklung häutet sich die Dolchwespenlarve dreimal. Sie ist gedrungen, beinlos und hat einen kleinen Kopf. Dort, wo sie gelebt hat, spinnt die ausgewachsene Larve um sich her einen seidigen Kokon, überwintert und verpuppt sich in diesem Kokon. Die Imago fliegt Anfang Juni bis Anfang August.
Da der Käferwirt in der Natur immer seltener wird, gehört heute auch diese schöne Dolchwespe nicht mehr zu den häufigen Arten. Sie besiedelt Europa (mit Ausnahme des Nordens), reicht an den Kaukasus, nach Mittelasien und Nordafrika. In diesem großen Gebiet bringt sie drei Formen (Unterarten) hervor.
Länge: ♂ 26–32 mm, ♀ 32–40 mm.

2 **Scolia quadripunctata** F. Sehr häufig auch als *S. sexmaculata* bezeichnet. Beide wissenschaftlichen Namen gehen von der Fleckenzahl auf der Rückenseite des Hinterleibs aus. Zwar haben die meisten Exemplare 4 Flecken (**2**), doch können es auch 6, 8, ausnahmsweise 10, bei den Männchen sogar nur zwei sein. Ausgesprochen wärmeliebende Sommerart, die auf Gebieten mit Waldsteppen- und Steppencharakter zu Hause ist. Die Männchen erscheinen etwa 10–12 Tage früher als die Weibchen. Die Imago besucht die Blüten verschiedenster Pflanzenfamilien, z. B. Quendel, Ehrenpreis, Breitsamen, Engelwurz u. a., sie saugt Nektar. Zur Nacht verkriecht sie sich mehrere Zentimeter tief in den Erdboden, an kühlen Tagen kommt sie überhaupt nicht an die Oberfläche. Erst bei Temperaturen um 20 °C erscheint sie wieder auf den Blüten. Die Entwicklung verläuft ähnlich wie die der vorigen Art (aber auch wie bei weiteren Dolchwespen). Das Weibchen ist bei der Auswahl des künftigen Wirtes nicht besonders wählerisch. Es nimmt dazu kleinere Blatthornkäferlarven.
Diese Dolchwespe besiedelt einen Großteil Europas außer den Nordgebieten, Mittelasien und Nordafrika. Länge: ♂ 9–14 mm, ♀ 10–15 mm.

1 ♀

2

## Familie Chrysididae, Goldwespen

1 **Chrysis nitidula** F. Überwiegend grünblau bis blau gefärbt, ist verhältnismäßig kälteliebend, daher geht sie ziemlich weit in die Gebirge hinauf. Die Sonne liebt sie aber genauso wie die übrigen Goldwespenarten auch. Sie erscheint von Juni bis August und sitzt gern auf sonnenbeschienenen Holzwänden alter Scheunen und Heustadel. Die Larve ist ein Parasit, sie entwickelt sich in den Nestern verschiedener Pillenwespen und Erdbienen.
Lebt im Großteil Europas, im Kaukasus, in Sibirien und in Mittelasien.
Länge: 7–13 mm.

2, 4 **Chrysis ignita** L., Feuergoldwespe. – Sehr variabel, einerlei, ob es um Oberflächenskulptur, Größe oder Färbung geht, deshalb wurden viele Formen beschrieben. In den Sammlungen findet man kaum zwei völlig gleiche Exemplare.
Die Imago (**2, 4**) erscheint von Frühjahr bis Herbst auf den Blüten von Doldenblütlern (Umbelliferen), aus deren Blüten sie Nektar saugt. Oft wärmt sie sich auf sonnenbeschienenen Holzwänden verschiedener Gebäude, auf Zaunlatten, warmen Mauern usw. Sie geht bis ins Gebirge hinauf.
Die Entwicklung der Goldwespe ist kompliziert. Das Weibchen sucht Nester verschiedener Hautflügler auf, vorwiegend von Pillenwespen, aber auch von solitären Bienen, und legt dort Eier hinein. Beim Eindringen ins Nest wird die Goldwespe natürlich vom „Nestbesitzer" gefährdet. Ihre Rettung ist die starke Körperpanzerung und die Fähigkeit, sich zu einem Paketchen zusammenzurollen. Goldwespenlarven entwickeln sich im Nest auf Kosten der Pillenwespenlarven und fressen gelegentlich auch die für diese bereitgestellten Vorräte (Insektenlarven).
*Ch. ignita* ist über ganz Europa verbreitet (im Norden bis Skandinavien), in Nordafrika und der gemäßigten Zone Asiens. Länge: 4–13 mm.

3 **Chrysis cyanea** L. An sonnenbeschienenen Stellen relativ zahlreich, fliegt dort vom Mai bis zum Ende des Sommers. Sie geht auch ins Gebirge hinauf, sitzt auf Holzbauten und sonnendurchglühten Wänden, auf Telegraphenstangen, Holzzäunen usw. Das Weibchen sucht die Nester von Erdbienen, Grab- und Wegwespen auf. Es fliegt ins Nest und legt dort Eier ab. Aus dem Ei schlüpft eine blinde Larve, die zwar beinlos ist, sich aber mit den beiden Höckern am Körperende vorwärtsbewegen kann. Sie ernährt sich vom Körpergewebe des Wirts. Es wurde beobachtet, daß eine Larve, die im Nest einer Grabwespe der Gattung *Trypoxylon* lebte, sich zunächst gemeinsam mit deren Larve von paralysierten Spinnen ernährte, die die Grabwespe für ihre Larve zusammengetragen hatte. Nachdem dieser Vorrat konsumiert war, fiel die Grabwespenlarve der Goldwespenlarve zum Opfer. Die ausgewachsene Larve scheidet aus dem Mund einen besonderen Stoff aus, der an der Luft bald zu einer Seidenfaser erstarrt. Daraus spinnt sie einen Kokon von Becherform. Später verschließt sie ihn mit einem Deckel, der unter dem Rand ansitzt, und verpuppt sich im Kokon. Es kann passieren, daß ein solcher Kokon von einer Schlupfwespe aufgespürt wird, die dann ihre Eier hineinlegt. In diesem Fall wird die Schlupfwespe zum Hyperparasiten (Parasit eines Parasiten).
*Ch. cyanea* ist über einen Großteil Europas verbreitet und reicht im Norden etwa bis zum 64. Breitengrad, lebt in Sibirien, Kleinasien und im Kaukasus. Länge: 3,5–8 mm.

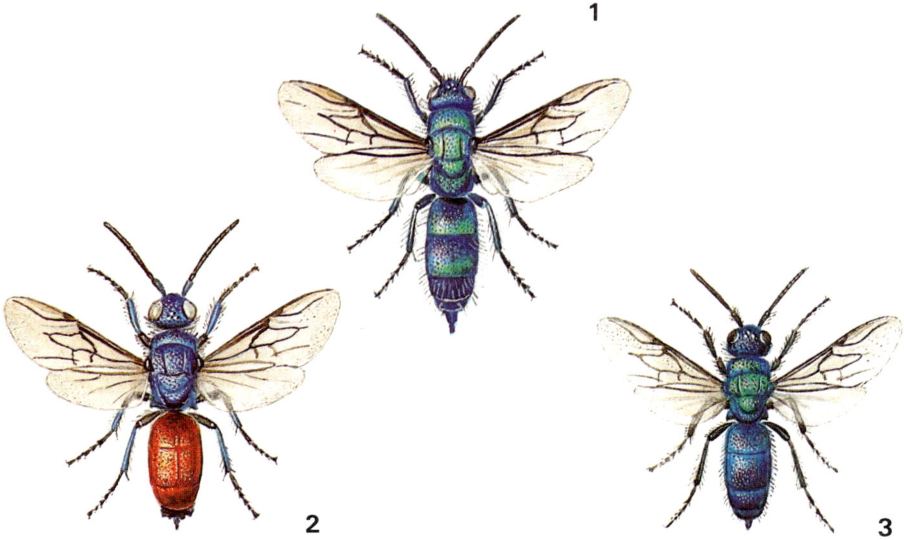
1
2
3

4

## Familie Mutillidae, Spinnenameisen

1, 2 **Mutilla europaea** L. Zwischen Männchen und Weibchen bestehen zahlreiche Unterschiede. Das Männchen (**1**) ist geringfügig länger, hat stets zwei Hautflügelpaare, 13gliedrige Fühler, auf dem Kopf drei Punktaugen (Ocellen), eine gegliederte Brust und einen 7gliedrigen Hinterleib. Das Weibchen (**2**) hingegen ist ungeflügelt, seine Fühler sind kürzer und nur 12gliedrig, und es besitzt keine Ocellen. Auch die Brust ist anders gebaut als die Brust des Männchens, der Hinterleib ist nur sechsgliedrig. Von allen erwähnten Merkmalen ist aber das Vorhandensein von Flügeln für die Unterscheidung von Männchen und Weibchen am deutlichsten.
Die Spinnenameise lebt an trockenen Orten mit reicherer Pflanzendecke vom Tiefland bis in die Berge. Die Männchen sitzen gern auf blühenden Doldengewächsen, die Weibchen laufen hastig auf dem Boden umher. Durch die Farbkombination erinnern die Tiere ein wenig an den Ameisenbuntkäfer *(Thanasimus formicarius).* Wer aber meint, einen Käfer gefangen zu haben, wird sehr bald eines Besseren belehrt, da er einen recht schmerzhaften Stich bekommt. Die Weibchen besitzen nämlich einen ausziehbaren Stachel, ähnlich wie die Wespen. Bei der Eiablage übernimmt dieser Stachel die Funktion der Legeröhre. Als vor fast 200 Jahren die Spinnenameise in einem Hummelnest entdeckt wurde, galt die Ansicht, daß es sich nur um ein Zusammenwohnen beider Arten handele. Später kam man darauf, daß die Spinnenameise kein unschuldiger Mitbewohner ist. Ihre Larve ist der wichtigste Feind der Hummellarven. Beim Aussuchen der Wirtsart für die Entwicklung der künftigen Nachkommenschaft ist die Spinnenameise gar nicht wählerisch. Die Larven können sich in den Nestern verschiedener Arten entwickeln. Das Spinnenameisen-Weibchen dringt in ein Hummelnest ein und legt in die Zelle mit der Hummellarve ein Ei, tötet aber dabei die Hummellarve nicht. Die Spinnenameisenlarve entwickelt sich auf Kosten der Hummelbrut und frißt im Lauf ihres kurzen Lebens die Hummellarve auf. Sie verpuppt sich im Nest, hier schlüpft auch die Imago. Je mehr Nahrung die Larve während der Entwicklung bekommt, desto größer wird sie, und desto größer ist später auch die Imago. Daher gibt es zwischen den Spinnenameisen auch beträchtliche Größenunterschiede. Eine größere Anzahl ihrer Eier kann eine Hummelkolonie empfindlich schädigen und schwächen. Das gilt vor allem dann, wenn in schwächeren Nestern die Zahl der Spinnenameisen die der geschlüpften Hummeln überwiegt. Das Weibchen kann Geräusche hervorbringen, sein Stridulationsapparat sitzt zwischen den Hinterleibstergiten. Die Geräusche sind für das menschliche Ohr nur schwach vernehmbar, das Weibchen bringt sie offensichtlich im Erregungszustand hervor.
Verbreitung: ganze paläarktische Region. Länge: ♂ 11–17 mm, ♀ 10–16 mm.

3, 4 **Mutilla marginata** Baer. Wohl die häufigste der europäischen Spinnenameisen. Sie ähnelt weitgehend der vorigen Art, doch ist ihre Brust doppelt so lang wie breit und schmaler als der Kopf. Sie bewohnt trockene Stellen mit reicher Vegetation und ist im Bergvorland und in den Bergen etwas häufiger. Ihre Lebensweise dürfte ähnlich aussehen wie die der vorigen Art, doch bleibt hier noch vieles aufzuklären. Bewohnt einen Großteil Europas und Kleinasiens. Länge: ♂ 11–15 mm, ♀ 10–15 mm.

1 ♂

2 ♀

3 ♂

4 ♀

## Familie Formicidae, Ameisen

1–4 **Polyergus rufescens** LATR., Amazonenameise. – Auffällig durch die rötliche Färbung, hauptsächlich aber durch die schmalen, spitzen, zahnlosen Kiefer, die wie Säbel aussehen. Sie unterscheiden sich weitgehend von den zahnbewehrten Kiefern anderer Ameisen, sie ähneln den Kiefern einiger Käfer und sind eigentlich Waffen.

Die Amazonenameise ist zwar eine häufige Art, doch besiedelt sie hauptsächlich sonnige, warme Standorte, oft auf Sand- und Kalksteingrund. Der räuberischen Lebensweise verdankt diese Ameise ihren Namen „Amazonenameise". Ihre eigenartige Lebensweise unterscheidet sich von allen übrigen Ameisen, denn sie ist nicht in der Lage, ein eigenes Nest zu bauen, ja, sie kann sich noch nicht einmal selbst ernähren und für die eigene Brut sorgen. Dazu ist sie auf die Hilfe von Sklaven einer ganz anderen Ameisenart angewiesen. Sie geht auf Puppen- und Arbeiterinnenraub (**1**) in die Nester der Sklavenameise *(Formica fusca)* und anderer Arten aus. Aus den Puppen schlüpfen bald Sklavenarbeiterinnen. Larven und Eier werden nicht geraubt, da die Amazonenameise nicht in der Lage ist, sie aufzuziehen. Auf den Raubzug gehen die Amazonenameisen meist in den späten Nachmittagsstunden im Juli und August. Sie kommen aus dem Nest, laufen eine Weile durcheinander und bilden allmählich eine schlangenförmige Formation aus, die mehrere Zentimeter breit und sogar mehrere Meter lang sein kann. So ziehen viele hundert Ameisen dahin. Sie marschieren hintereinander, und die Formation hält während der ganzen Aktion mehr oder weniger ihre Breite ein. Es ist ein Erlebnis zu beobachten, wie sich so eine Kolonne als rote Schlange unablässig fortbewegt, bis sie ein Ameisennest erreicht, das überfallen wird. Immer kommt es zum Kampf, dessen Ergebnis von vornherein feststeht: Die starke, angriffslustige Amazonenameise bleibt Sieger, die schwächere Ameisenart wird besiegt. Im Kampf mit den überfallenen Ameisen bedienen sich die Angreifer (**3**) ihrer säbelförmigen Kiefer. Den Verteidigern werden die Köpfe abgebissen und die Kiefer in den Kopf gestoßen. Die Amazonenameisen erbeuten Puppen (Dulosis) und tragen sie in den Kiefern nach Hause. Die Zahl der geraubten Puppen geht in die Tausende. Auf so einen Raubzug ziehen die Amazonenameisen viele Dutzend Meter weit.

Die Amazonenameisen schwärmen im Sommer während der Mittagstunden. Dann kommen geflügelte Männchen (**4**) und Weibchen (**2**) aus dem Nest. Die Männchen gehen nach dem Hochzeitsflug zugrunde, die Weibchen werfen ihre Flügel ab und gründen einen neuen Staat. Das Weibchen dringt ins Nest einer versklavten Art ein, sehr häufig sind das die Sklavenameisen *(F. fusca)*. Im Kampf wird die bisherige Königin überwältigt und getötet, das neue Amazonenameisen-Weibchen beherrscht nach und nach das Nest. Im Frühjahr legt es Eier, daraus schlüpfen Larven, die von den Arbeiterinnen der überfallenen Ameisenart gepflegt und gefüttert werden. Das ursprüngliche Nest hat ja seine eigene Königin verloren, die Eier legen könnte, und deshalb nehmen die Arbeiterinnen nicht mehr auf natürliche Weise zu. Arbeiterinnenmangel würde Gang und Leben des Amazonenameisen-Staates bedrohen, deshalb wird die Zahl der Sklavenarbeiterinnen durch Raubzüge aufgefüllt. Die Anzahl der Sklaven in einem solchen Staat macht das Vielfache der Amazonenameisen aus. In einem jungen Nest befinden sich etwa 150 Amazonenameisen und mehr als dreimal so viele Sklaven. Ein großes Nest mit 2000–3000 Amazonenameisen kann bis zu 10000 Sklaven haben. Die Amazonenameise bewohnt einen Großteil der gemäßigten Zone der holarktischen Region.

Länge: ☿ 5–7 mm, ♀ 8–9 mm, ♂ 6–7 mm.

1

2 ♀

3 ☿

4 ♂

## Familie Formicidae, Ameisen

1–3 **Lasius fuliginosus** (LATR.). Glänzendschwarze Holzameise. – Hat einen an der Basis ausgeschnittenen Kopf und zeichnet sich durch einen starken, spezifischen Geruch aus. Tagaktive Art, die Laub- und Mischwälder besiedelt, Parks und Baumgärten, hauptsächlich im Tiefland lebt oder auch bis in die Berge geht. Die Ameise liebt eher trockene Gegenden, doch lebt sie auch an feuchten Orten. Ihr Nest gehört in der europäischen Ameisenfauna zu den einzigartigen Gebilden. Es ist ein sogenanntes Kartonnest und hängt frei in einer hohlen Pappel, Weide bzw. in einem anderen Baum oder ist im Erdreich unter den Wurzeln von Bäumen, alten Stubben (**1**), ausnahmsweise auch unter Steinen verborgen. Es kann 20 und mehr Jahre halten. Das Nest ist gut verborgen, die Arbeiterinnen (**3**) bauen es aus grobem Holzmulm und Lehm, die sie mit Sekreten der Mandibulardrüsen und Honigtau verkleben, bis nach und nach ein zerbrechliches Gebilde entsteht, das einem braunen bis schwarzen Naturbadeschwamm ähnlich sieht. Das Kartonnest ist mit seiner Umgebung durch Wege verbunden, die die Ameisen sauberhalten, von Steinchen, Zweiglein und anderen Hindernissen befreien. Oft befinden sich in unmittelbarer Nachbarschaft mehrere Kartonnester, die durch Teilung des ursprünglichen Nestes entstanden sind. Alle sind durch Straßen miteinander verbunden, die zusammen viele Meter lang sein können. Nach einer bestimmten Zeit macht sich jedes Nest selbständig. Außer Nestern und Straßen bauen die Arbeiterinnen auch Oberflächentunnels, und zwar einmal an verschiedenen gefährdeten Wegstrecken, zum andern, um Blatt- oder Schildläuse auf Pflanzen, hauptsächlich auf Eichen, zu schützen. Blattläuse sind bekannt als Produzenten süßer Ausscheidungen – Honigtau, den die Ameisen leidenschaftlich gern lecken (**2**) und der einen wichtigen Bestandteil ihrer Nahrung darstellt. Die Lehmtunnels schützen die Saftspender vor dem Angriff verschiedener Raub- und Schmarotzerinsekten, aber auch vor den Witterungsunbilden. Der Honigtau ist nicht die einzige Nahrung der Ameisen, sie jagen auch alle möglichen Insektenlarven. Eine weitere Ergänzung ihrer Kost sind auch Pilzfäden, die im Ameisennest Wärme und Feuchtigkeit für gutes Wachstum finden. Sie durchdringen die Wände und verleihen ihnen ein samtiges Aussehen. Der Pilz ernährt sich von Honigtau, den die Ameisen ins Nest bringen. Die Art schwärmt im Juni und Juli, die Schwärme sind recht zahlreich (**1**). Nach der Befruchtung verliert das Weibchen die Flügel und kriecht entweder in ein Nest der eigenen Art oder gründet ein neues – einen künftigen Ameisenhaufen – gewaltsam. Es dringt ins Nest einer anderen Art ein, z. B. in das der Schwarzbraunen Wegameise *(Lasius niger)*, das gerade keine Königin hat; ist eine vorhanden, wird sie überwältigt, und das neue, fremde Weibchen wird zur Königin. Sie legt Eier, und um die Nachkommenschaft kümmern sich die ursprünglichen Nestbewohner. Deren Zahl nimmt ständig ab, und allmählich beherrschen die Nachkommen des Eindringlings das Nest, bis sie im Laufe von einigen Jahren seine einzigen Bewohner geworden sind. Nicht selten kommt es vor, daß die Glänzendschwarze Holzameise mit verschiedenen weiteren Ameisenarten gemeinsam einen einzigen Baum bewohnt. Jede Art hält sich in einem bestimmten Teil des Stammes auf. Die Kolonie ist monogyn oder oligogyn (also mit einer kleinen Anzahl von Königinnen).
Die Glänzendschwarze Holzameise ist weit über Europa verbreitet, lebt auch im Kaukasus, in Sibirien, China und Japan und reicht bis in den Westteil Indiens.

Länge: ☿ 4–6 mm, ♀ 5–6,8 mm, ♂ 3,8–5,2 mm.

1

2 ☿☿

3 ☿

## Familie Formicidae, Ameisen

**1–3 Lasius flavus** (F.), Gelbe Wiesenameise. – Eine der winzigen und sehr häufigen Ameisen unserer Fauna. Ihre Arbeiterinnen (**2**) sind hellgelb, die Weibchen (**3**) braun und die Männchen schwarzbraun. Möglicherweise könnten sie mit einer ähnlich gefärbten Art der Gattung *Myrmica* verwechselt werden, doch ist ihr Körperknoten nur eingliedrig, und sie hat keinen Stachel. Die Ameise verteidigt sich anders – sie durchbeißt die Haut und spritzt in die Wunde aus dem Hinterleib ein wenig Ameisensäure.
Die Gelbe Wiesenameise ist, was den Charakter des Standorts angeht, an dem sie ihr Nest gründet und baut, ziemlich anspruchslos. Man findet es normalerweise auf feuchten Wiesen, an Waldrändern, an vergrasten Straßengräben, an Bachufern, an Stellen mit trockenheitsholder Vegetation, aber auch auf Feldern oder in Weingärten. Auch in Schrebergärten fehlt es nicht, doch vermeidet die Gelbe Wiesenameise das dunkle Waldinnere. In Gebäude dringt die Art nicht vor, ihre Verbreitung erstreckt sich vom Tiefland bis in die Berge. Das Nest sieht nicht immer gleich aus. Am häufigsten sind es etwa 30 cm hohe Lehmhäufchen, in denen eine erhöhte Temperatur gegenüber der Umgebung herrscht. Der Haufen (**1**) ist über dem Nest aufgerichtet und von Vegetation durchzogen. Der Haufen ist geschlossen, in die Außenwelt führen keine Öffnungen. Das Erdnest kann bis zu 40 cm tief reichen. Auf Wiesen dominiert diese Ameise. Manchmal ist ihr Nest auch im Boden unter Steinen angelegt, in einem vermoderten Baumstumpf bzw. unter Rinde. Die Gelbe Wiesenameise nistet nicht selten mit Ameisen anderer Arten unter einem Stein. Sie lebt fast ausschließlich im Erdreich, dem entspricht auch die Entwicklung ihrer Sinnesorgane. Der Gesichtssinn ist schwach, bei Jagd und Bewegung richtet sie sich eher nach dem Geruchssinn. Unter der Erde findet die Ameise ihre Hauptnahrung; diese besteht aus Honigtau, der von an den Graswurzeln lebenden Blattläusen ausgeschieden wird. Die Ameisen züchten diese Blattläuse und beschützen sie auch. Hin und wieder nehmen sie auch tierische Nahrung an, die aus Insekten der verschiedenen Entwicklungsstadien besteht.
Zum Schwärmen kommt es im Juli und August während der Nachmittagsstunden, manchmal schwärmen die Ameisen noch im September und Oktober. Während des Schwärmens beißen sie in ihren Lehmhügel kleine Öffnungen, durch die Männchen und Weibchen zum Hochzeitsflug ausfliegen. Nach dem Hochzeitsflug wirft die Königin die Flügel ab, ihre künftige Lebensaufgabe ist die Gründung eines neuen Nestes. Das tut sie allein, ohne Beteiligung einer Hilfsameisenart. Sie zieht sich in ein Erdkämmerchen zurück und überwintert. Im Frühjahr beginnt sie mit der Eiablage. Es kann vorkommen, daß mehrere Weibchen eine einzige Kammer bewohnen, in der sie später ihre Brut pflegen. Sobald aber die ersten Arbeiterinnen geschlüpft sind, kommt es zwischen den Weibchen zu Reibereien und Kämpfen. Da die Gelbe Wiesenameise monogyn ist, duldet das siegreiche Weibchen während des Schlüpfens der Arbeiterinnen kein weiteres Weibchen neben sich. Im künftigen Nest kann nur ein einziges Weibchen Königin werden, diese unterwirft sich alle Arbeiterinnen.
Verbreitung: Europa und gemäßigte Zone Asiens, gängig in Nordafrika und in den Oststaaten Nordamerikas. Länge: ☿ 1,7–4 mm, ♀ 7–9 mm, ♂ 3–4 mm.

1

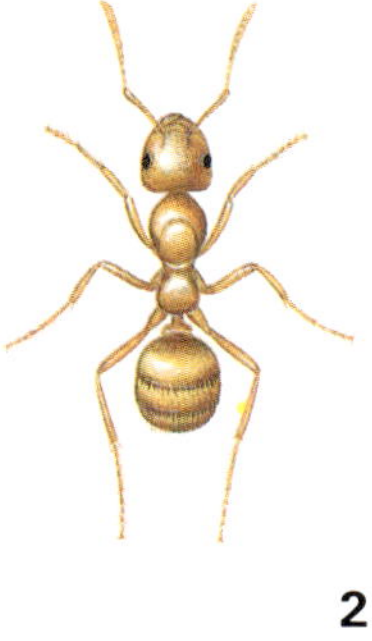

2 ☿

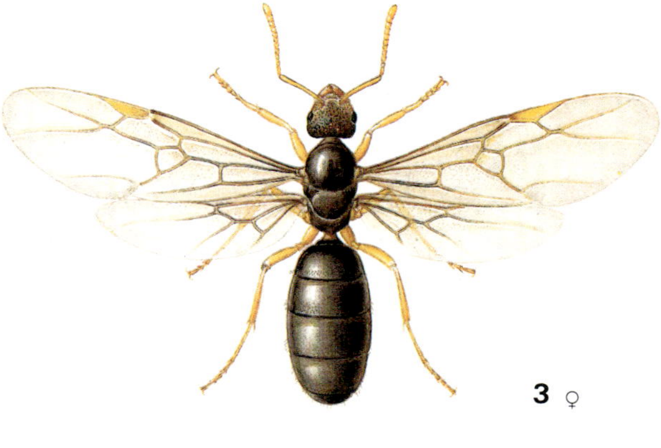

3 ♀

## Familie Formicidae, Ameisen

**1–5** **Lasius niger** (L.), Schwarzbraune Weg- oder Gartenameise. – Diese Ameisenart ist nicht schwarz, wie der wissenschaftliche Name andeutet (niger = schwarz), sondern braun. Eine unserer häufigsten und zahlreichsten Ameisenarten, die keine besonderen Ansprüche an ihren Standort stellt. Das Nest ist monogyn und wird an den verschiedensten Stellen angelegt, sehr häufig unter einem Stein. Gibt es an einem Ort nicht genügend Steine, wird im Erdreich genistet, häufig auch in alten Baumstubben und unter der Rinde (**1, 2**). Das unterirdische Nest ist mit der Außenwelt durch Löcher verbunden, die von kleinen Lehmwällen umrahmt sind (häufig auf lehmigen Wegen zu sehen). Über dem Nest erhebt sich normalerweise ein haufenförmiger Lehmaufbau, der um die Grashalme aufgehäuft wurde. Die Arbeiterinnen (**4**) errichten ihn aus kleinen Erdbröckchen, die sie mit ihrem Speichel zusammenkleben. Nicht selten sind diese Bröckchen größer als die Tiere selbst. Die Arbeiterinnen verhindern auch, daß der Haufen allzusehr von Gras bewachsen wird. Erdnest und Überbau sind von einem komplizierten Gangsystem durchzogen. Der Bau ist fest und trotzt Wind und Sommerregen, doch wird er von Herbstregen und Schnee zerstört. Das Schwärmen setzt im Juli/August ein, die Schwärme sind oft sehr groß. Bald nach dem Hochzeitsflug wirft das Weibchen (**5**) seine Flügel ab. Es legt allein ohne Hilfe einer weiteren Ameisenart ein neues Nest an. Das Weibchen schließt sich in die Mutterkammer ein, die es nicht verläßt, um dort später auch Eier zu legen. Es entwickeln sich die ersten Larven (**3**). Diese Art sucht mit Vorliebe süßen Honigtau, den Blattläuse, evtl. auch Schildläuse, ausscheiden, um ihn zu lecken. Nicht genug damit, daß die Ameisen selbst ihre Blattläuse „halten", sie bauen ihnen sogar Lehmpavillons, wenn sie auf Pflanzen sitzen. Dadurch schützen sie sie vor natürlichen Feinden. Zu diesen Pavillons führen teils offene, teils gedeckte Straßen. Die Wegameise jagt auch Insekten, besucht Blüten und sucht in den Häusern der Menschen nach Süßem. Die Larven können auch feste Nahrung aufnehmen. Das Weibchen wird 15, die Arbeiterinnen werden etwa 7 Jahre alt. Das Verbreitungsareal der Schwarzbraunen Wegameise ist sehr groß, es reicht von Europa über die gemäßigte Zone Asiens bis Nordamerika. Sie lebt aber auch in Nordafrika und wurde nach Südafrika eingeschleppt.

Länge: ☿ 2–5 mm, ♀ 6,6–10 mm, ♂ 3,5–4,7 mm.

**6** **Lasius emarginatus** (OLIV.). Deutlich zweifarbig: Die rotgelbe Brust hebt sich gut vom braunen Kopf und Hinterleib ab. Die Ameise liebt Wärme und Trockenheit, feuchte Orte meidet sie. Sie siedelt in Felsbiotopen, bevorzugt in Felsritzen und Hohlräumen, aber auch an Waldrändern. Bis zu einem gewissen Grad ist sie auch ein „Haustier", denn sie erscheint in Gärten und Häusern auf dem Land und in der Stadt. Dort siedelt sie in Ritzen zwischen Grundsteinen und in Mauerspalten, manchmal auch in totem Holz. Im Süden baut sie eine Art Kartonnest.

Sie schwärmt nachts von Juni bis August, ist räuberisch, jagt Raupen und andere Insekten, doch sucht sie auch den Honigtau der Blattläuse. Gern frißt sie auch die öligen Fortsätze verschiedener Samen.

*L. emarginatus* kommt hauptsächlich in Mittel- und Südeuropa vor, ist aber auch in Südwestasien bekannt.

Länge: ☿ 3–4 mm, ♀ 7–9 mm, ♂ 3,2–4,2 mm.

1

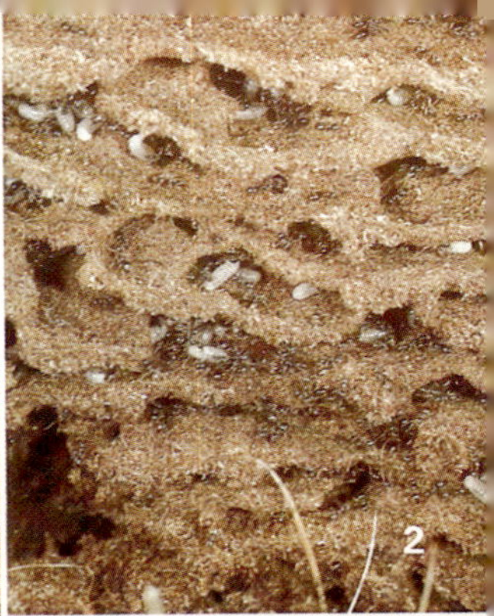
2

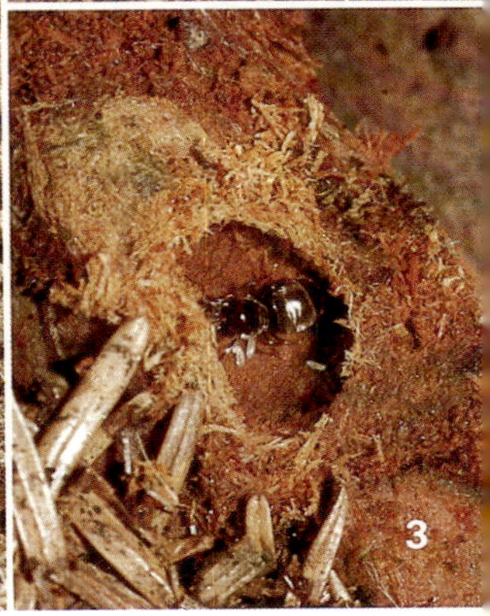
3

4 ☿

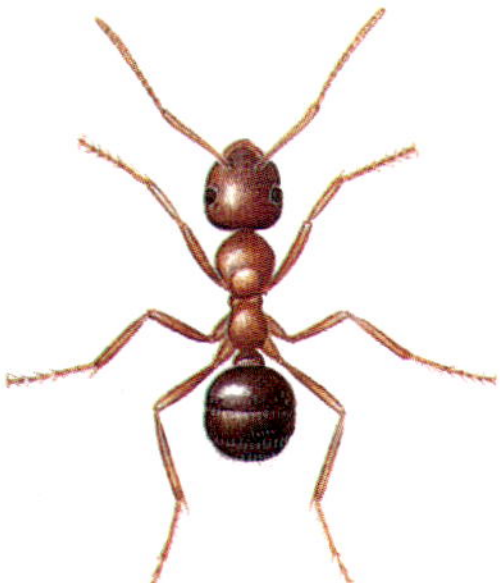

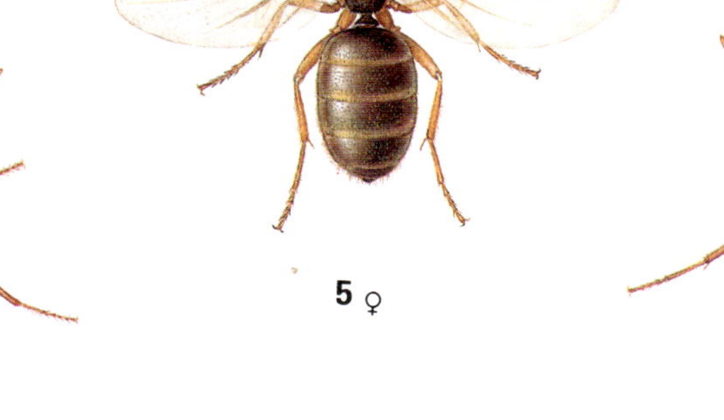

5 ♀

6 ☿

## Familie Formicidae, Ameisen

1 **Formica polyctena** FÖRST., Kleine Kahlrückige Rote Waldameise. – Etwas kleiner als die Rote Waldameise *(F. rufa),* der sie im Gesamtaussehen und in der Färbung weitgehend ähnelt. Früher galt sie nur als eine Varietät der Roten Waldameise. Das wichtigste Unterscheidungsmerkmal ist das Vorhandensein von Härchen auf Kopf, Brust und Schuppe. Bei *F. polyctena* sind Kopf, Brust und Schuppe kahl, während *F. rufa* viele Härchen aufweist. Mit dem bloßen Auge lassen sich diese beiden Arten aber nicht unterscheiden.

*F. polyctena* lebt vorwiegend in Fichtenwäldern, besiedelt aber auch Laubwaldungen. Vor allem an sonnigen Waldrändern erscheint sie zahlreich. Die Lebensweise dieser Ameisenart ist ähnlich wie bei *F. rufa,* doch gibt es gewisse Verhaltensunterschiede. Sie baut einen großen oberirdischen Ameisenhaufen um einen Baumstumpf oder Stamm, doch liegt die Nestbasis unter der Erde. Es wird daher als kombiniertes Nest (**1**) bezeichnet. Als Baumaterial des Ameisenhaufens dient in erster Linie Nadelstreu, eventuell auch feine Zweige. Der Nadelhaufen ist für das Leben der Ameisen sehr wichtig, denn er stellt so etwas wie einen Wärmespeicher dar. Das Nest kann recht groß werden, sein Umfang kann mehrere Meter betragen. In ihm leben wie bei den meisten Ameisen drei morphologisch, physiologisch und arbeitsmäßig unterschiedene Kasten. Am zahlreichsten sind die Arbeiterinnen, weniger zahlreich Weibchen und Männchen. Arbeiterinnen sind stets flügellos, sie sind eigentlich nicht geschlechtsreife Weibchen. In den meisten Fällen ist das Nest polygyn, d. h., in ihm siedelt eine große Zahl von Königinnen (mehrere tausend). Monogyne Nester, in denen sich nur ein einziges Weibchen befindet, sind ganz selten. Das junge Weibchen hat zunächst zwei leicht rauchfarbene Flügel, die es nach der Begattung abwirft. Noch vor Winteranbruch ziehen sich die Ameisen einen halben bis zwei Meter tief in den Boden zurück. In den Kammern und Gängen verharren sie regungslos in kleinen Grüppchen. Aber schon in den ersten Märztagen, wenn die Sonne den Ameisenhaufen erwärmt, kommen Arbeiterinnen und Königinnen an die Oberfläche. Hier wärmen sie sich oder gehen auf Nahrungssuche und befassen sich mit dem Nestbau. Die Weibchen kehren bald unter die Erde zurück und beginnen mit der Eiablage. Für diesen Augenblick sind schon Arbeiterinnen vorbereitet, die die Eier mit den Kiefern abnehmen, wegtragen und ablecken. Die feuchten Eier werden zusammengeklebt und bilden Eipakete, die die Arbeiterinnen in die Nistkammern tragen. Dort schlüpfen bald blinde, beinlose Larven. Die Arbeiterinnen lecken sie ab und tragen sie von einer Stelle zur andern, um sie dort zu lassen, wo momentan die günstigsten Wärme- und Feuchtigkeitsverhältnisse herrschen.

Die Larven sind nicht in der Lage, sich selbst um ihre Nahrung zu kümmern, und sind völlig von der Pflege der Arbeiterinnen abhängig. Diese füttern sie entweder mit Säften aus ihrem Kropf oder mit einem Sekret der Labialdrüsen. Die mit dem Sekret gefütterten Larven entwickeln sich nach dem Verpuppen zu Geschlechtstieren. Larven, die Saft aus dem Kropf bekommen haben, werden nach dem Verpuppen zu Arbeiterinnen. Schon bald spinnt sich die Larve in einen seidigen Kokon ein, um sich darin zu verpuppen. Die Kokons der künftigen Geschlechtstiere sind stets etwas größer als die Arbeiterinnenkokons. Diese Kokons werden fälschlicherweise auch Ameiseneier genannt.

Länge: ☿ 4–8 mm, ♂, ♀ 8–10 mm.

## Familie Formicidae, Ameisen

**1–3 Formica polyctena** FÖRST., Kleine Kahlrückige Rote Waldameise. – Die Brutpflege der Arbeiterinnen (**2**) geht aber noch weiter. Die Kokons werden unablässig gereinigt und an die günstigsten Stellen getragen. Später helfen die Arbeiterinnen ihren jungen Mitbürgerinnen, aus dem Kokon zu kriechen. Nach dem Schlüpfen reinigen sie sie und füttern sie noch etwa sechs Tage lang, bis sie in der Lage sind, an der Arbeit im Ameisennest teilzunehmen. Die Arbeiterinnen füttern aber nicht nur die künftigen Bewohner des Ameisenhaufens, sie sorgen auch für die Königin, füttern die Männchen sowie gegenseitig sich selber. Der Nahrungsaustausch spielt sich nach gewissen Regeln ab. Der Nahrungsspender würgt einen Tropfen Nahrung aus dem Mund hervor, den eine zweite Arbeiterin gierig aufnimmt; sie verzehrt aber nicht die ganze Menge allein, sondern füttert noch ein weiteres Tier, genauso, wie sie selbst gefüttert wurde.

Im Frühjahr kommt es zum Schwärmen. Das ist die Zeit, in der geflügelte Weibchen und Männchen aus dem Ameisennest fliegen. Es kommt zum Hochzeitsflug, in dessen Verlauf die Weibchen befruchtet werden. Danach verlieren sie die jetzt überflüssigen Flügel. Vor jedem befruchteten Weibchen (**3**) stehen jetzt zwei Aufgaben: ein neues Nest (Kolonie) zu gründen und Eier zu legen. Im Idealfall gelangt es in ein Nest der eigenen Art, in dem schon eine gewisse Anzahl weiterer Königinnen vorhanden ist. Nicht immer verläuft der Empfang (Adoption) erfolgreich, viele Weibchen werden getötet, denn ein Nest, das schon viele Weibchen enthält, wehrt sich gegen den weiteren Zuzug von Königinnen. Ausnahmsweise gründet auch diese Ameise neue Nester mit Hilfe einer anderen Art, meist der Sklavenameise. Das Weibchen tötet deren Königin und nutzt die ursprünglichen Arbeiterinnen zur Aufzucht der eigenen Nachkommen. Die ursprünglichen Bewohner sterben mit der Zeit aus, und ein Sklavenameisennest verwandelt sich in eine reine *F. polyctena*-Kolonie. Manchmal bildet *F. polyctena* auf einer bestimmten, wenn auch kleinen Fläche viele große Nester, die durch Abspaltung aus einem einzigen Nest entstanden sind, in dem die Lebensbedingungen das Optimum bereits überschritten haben. Das geht so vor sich, daß eine Gruppe Arbeiterinnen den Ameisenhaufen verläßt, in der näheren Umgebung einen günstigen Platz aussucht und den Grundstein zu einem neuen Nest legt. Dann kehren sie ins alte Nest zurück, um weitere Arbeiterinnen, Königinnen, Larven und Puppen nachzuholen, die sie in einer dichten Reihe in das neue Nest tragen. Diese Ablegernester sind noch unterschiedlich lange durch Ameisenstraßen miteinander verbunden.

Die Nahrung dieser Ameise besteht aus Insekten und süßen Säften. Das sind verschiedene Waldschädlinge, aber auch viele Nützlinge – Schlupfwespen, Brackwespen u. a. Im Vergleich mit der Roten Waldameise *(F. rufa)* ist diese Art angriffslustiger und bissiger, sie wird daher in der Forstwirtschaft höher geschätzt. Auf der Beute versammelt sich immer eine größere Zahl von Arbeiterinnen (**1**). Der Nahrungsbedarf eines großen Ameisenhaufens ist ungeheuer. *F. polyctena* wird gegenwärtig im Rahmen biologischer Schädlingsbekämpfungsprogramme künstlich in den Wäldern ausgesetzt. Aus einem großen Nest wird unter fachmännischer Anleitung ein Teil Nadeln mit Arbeiterinnen und einigen Dutzend Königinnen entnommen, um das Wachstum der künstlich gebildeten Kolonie sicherzustellen.

Diese Ameise kommt in Mitteleuropa und der gemäßigten Zone Asiens vor. Ähnlich wie andere Ameisen steht auch diese Art in vielen Ländern unter Naturschutz.

1

2 ☿

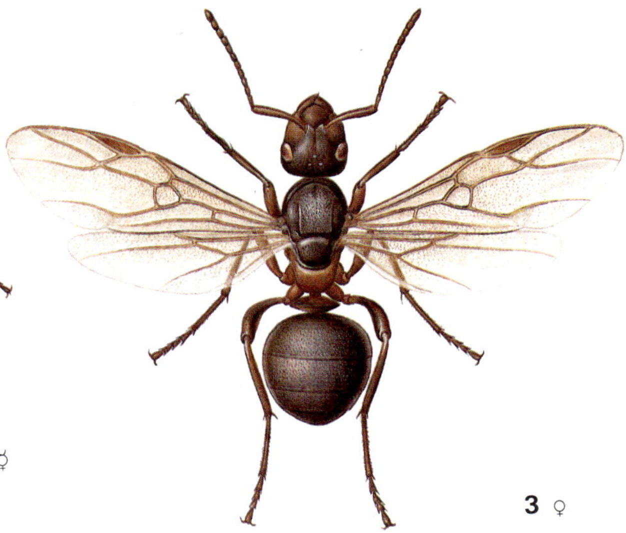

3 ♀

## Familie Formicidae, Ameisen

1–4 **Formica rufa** L., Rote Waldameise. – Ähnelt in Größe und Färbung mehreren anderen Arten, am ehesten kann sie mit *F. polyctena* verwechselt werden. Waldbewohner, der ein unterirdisches Nest anlegt, über dem dann ein großer Haufen aus mehr oder weniger feinem Material gebaut wird. Die durchschnittliche Höhe liegt bei einem halben Meter (und mehr), der Umfang mißt mehrere Meter (**4**). Die Nester sind meist monogyn. Die Art ist hauptsächlich im Tief- und Bergvorland in Nadelwäldern (Fichten) und Eichenwaldungen verbreitet, häufig lebt sie an feuchten und schattigen Standorten. Die Zahl der Individuen in einem Nest läßt sich nur grob schätzen. Als mittelgroß gilt ein polygynes Nest mit etwa einer halben Million Ameisen. In einem großen Nest leben rund eine Million Tiere, oft auch mehr. Ab Mai setzt das Schwärmen (**1, 3**) ein. Auf dem Hochzeitsflug wird das Weibchen befruchtet, verliert die Flügel, und seine weitere Pflicht besteht in der Gründung einer neuen Kolonie. Das Weibchen selbst ist nicht in der Lage, für die Ernährung der ersten Larven zu sorgen, daher braucht es von Anfang an Pflegerinnen. Bei der Gründung der neuen Kolonie helfen entweder Arbeiterinnen der eigenen (**2**) oder einer anderen Ameisenart. Am einfachsten ist es, wenn das Weibchen in ein Nest der eigenen Art gelangt und dort aufgenommen wird. Eine ganz andere Situation tritt ein, wenn sich das Weibchen als künftigen Wohnsitz das Nest einer anderen Art aussucht, meist ein Nest der Sklavenameise *(Formica fusca).* Falls in einem solchen Nest gerade kein Weibchen vorhanden ist, dringt es leicht ein und wird mehr oder weniger akzeptiert. Meist haben die Ameisennester aber ein Weibchen. Dann kommt es zum Kampf: Der größere und stärkere Eindringling tötet die einheimische Königin, nimmt ihre Stellung ein und legt Eier. Die Arbeiterinnen – ursprüngliche Bewohnerinnen des Nestes – ziehen dann eine Zeitlang neben der eigenen auch noch die Nachkommenschaft der neuen Königin auf. Nach und nach verringert sich die Zahl der ursprünglichen Bewohner, bis sie schließlich aussterben und das Ameisennest zu einer reinen Kolonie der Roten Waldameise geworden ist. Manchmal finden sich in dichter Nachbarschaft mehrere Nester, die durch Ablegerbildung von einem großen Nest entstanden sind. Die Nahrung der Ameisen besteht einmal aus Insekten, zum anderen aus süßem Honigtau von Blatt- und Schildläusen, süßen Säften von Früchten und Bäumen sowie ölhaltigen Samen. Bei der Jagd spielt bei den Arbeiterinnen neben den Kiefern auch die Giftdrüse, die am Hinterleibsende mündet, eine wichtige Rolle. Ihre Wirkung ist allgemein bekannt. Fälschlicherweise sagt man, die Ameise sticht. Sie durchbeißt aber mit den starken Kiefern zuerst die Haut, schiebt schnell den Hinterleib vor und träufelt in die Wunde das brennende Drüsensekret, dessen Inhalt vor allem aus Ameisensäure besteht.

Die Rote Waldameise sowie die verwandten Arten der Gattung *Formica* sind für die Wälder ungeheuer wichtig, denn ihnen fallen viele Waldschädlinge zum Opfer. Sie stehen daher bei uns unter Naturschutz, ihre Puppen dürfen nicht gesammelt werden. Sie werden in den Wäldern auch künstlich angesiedelt.

Die Rote Waldameise bewohnt einen beträchtlichen Teil Europas, ihr Verbreitungsgebiet reicht von den Pyrenäen bis Norwegen und Schweden, sie lebt in Sibirien, im Kaukasus und in Nordamerika. Länge: ☿ 6–9 mm, ♀ bis 11 mm, ♂ bis 11 mm.

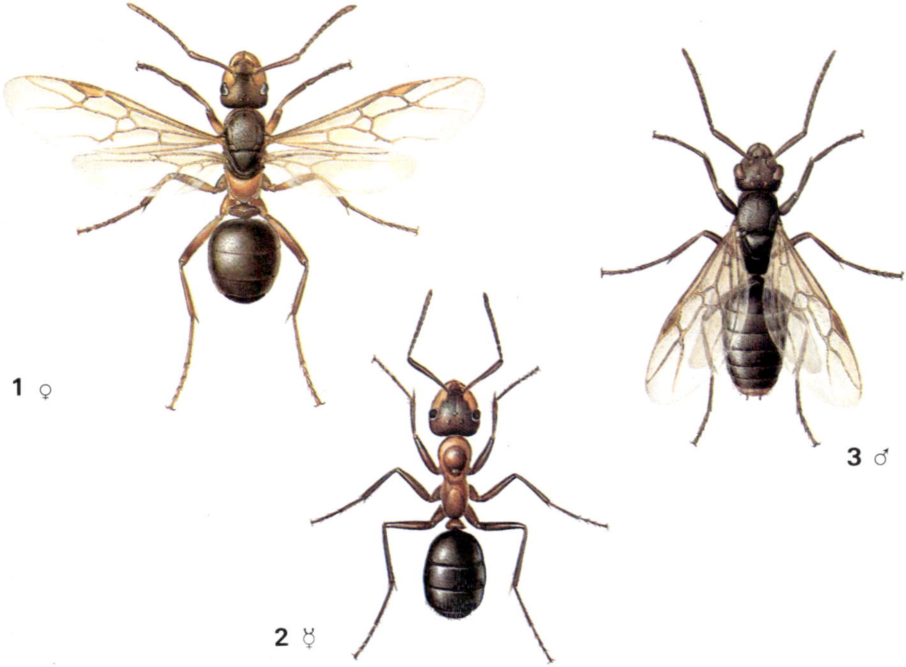

1 ♀

2 ☿

3 ♂

4

## Familie Formicidae, Ameisen

1, 2 **Formica pratensis** Retz. Sieht der Roten Waldameise *(F. rufa)* und *F. polyctena* sehr ähnlich, man kann sie aber unter der Lupe unterscheiden. Kopf, Brust und Hinterleib der Arbeiterinnen (**2**) sind mit langen Härchen bewachsen, bei den beiden verwandten Arten ist der Kopf völlig oder wenigstens am Hinterrand kahl. *F. pratensis* lebt vorwiegend im Tief- und Hügelland in offenen Räumen – auf Feldrainen, Wiesen, an Gräben, gelegentlich aber auch in Wäldern. Sie baut ein kombiniertes Nest mit ober- und unterirdischem Teil. Der oberirdische Teil ist ein flacher, breiter und platter Haufen, der den Winter über in der Mitte einsinkt (**1**). Er wird aus groberem Material angelegt, manchmal aus Nadeln, sonst aus den verschiedensten Pflanzenbruchstückchen und aus Lehm. Eine Ameisenkolonie dieser Art ist zwar recht zahlenstark, jedoch weitaus nicht so groß wie die der Roten Waldameise. Auch hier finden sich Arbeiterinnen von verschiedener Größe. Das Nest ist monogyn oder polygyn. Die Ameisen schwärmen von Juni bis September vorwiegend in den Morgenstunden. Neue Nester entstehen oft durch Teilung.

*Formica pratensis* ist eine nützliche Art, deren Gefräßigkeit sich in Wäldern und Feldern bemerkbar macht. Nahrungsanalysen haben gezeigt, daß über 60% ihrer Nahrung aus Schadinsektenarten bestehen, etwa ein Viertel bilden wirtschaftlich belanglose Arten und nur knapp 10% der Arten sind Nützlinge in Feld- und Forstwirtschaft. *F. pratensis* ist über ganz Eurasien verbreitet und geht in den Alpen bis über 2000 m hoch.

Länge: ☿ 4–9 mm, ♀ 9–11 mm, ♂ 9–11 mm.

3–5 **Formica fusca** L., Grauschwarze Sklavenameise. – Am ganzen Körper mit kurzen Härchen bewachsen. Eine der zahlreichsten Ameisen, die vorwiegend an schattigen Orten wohnt. Ihr Nest baut sie hauptsächlich im Boden, manchmal unter Steinen, häufig auch in einem alten Baumstumpf oder unter Rinde (**5**). Befinden sich an einem Ort keine Steine, wird ein Ameisenhaufen angelegt. Sie schwärmt von Juni bis August, das befruchtete Weibchen (**4**) gründet selbständig eine neue Kolonie. Es überwintert und legt im Frühjahr Eier. Von der Eiablage bis zum Schlüpfen der ersten Arbeiterinnen (**3**) vergehen etwa 6 Wochen. Bei der Nestgründung tun sich manchmal mehrere Weibchen zusammen. Sobald die ersten Arbeiterinnen erscheinen, führen die Weibchen keine Kämpfe, wie das bei anderen Arten vorkommt. Die Kolonie dieser Art ist nicht streng monogyn, oft enthält sie mehrere Königinnen.

Im Nest dieser Ameise oder in dessen nächster Umgebung siedelt sich oft die winzige Ameise *Solenopsis fugax* an, deren Nest mit dem des Nachbarn durch schmale Gänge verbunden ist. In diesen Gängen geht *Solenopsis* auf Raub aus. Erbeutet eine *Solenopsis fugax* Nachkommen des Nachbarn, so flüchtet sie durch ihren engen Gang, in dem sie die viel größere Sklavenameise nicht verfolgen kann. Aber auch die Sklavenameise jagt verschiedene kleine Ameisen, ihre Larven und Puppen. Gern leckt sie auch den von Blatt- und Schildläusen ausgeschiedenen Honigtau.

Ein Sklavenameisennest fällt oft anderen Arten zum Opfer, die mit Hilfe seiner Arbeiterinnen einen eigenen Staat gründen. Auch wird es regelmäßig von den Raubzügen der Blut- und Amazonenameisen heimgesucht, die hier neue Sklaven rauben. Die Arbeiterinnen der Sklavenameise können acht Jahre alt werden.

Die Art ist über ganz Eurasien verbreitet (in den Alpen geht sie bis 3000 m hoch, in Südeuropa kommt sie in den Gebirgen vor), sowie in Nordamerika.

Länge: ☿ 4,5–7,5 mm, ♀ 7–10 mm, ♂ 7–11 mm.

1

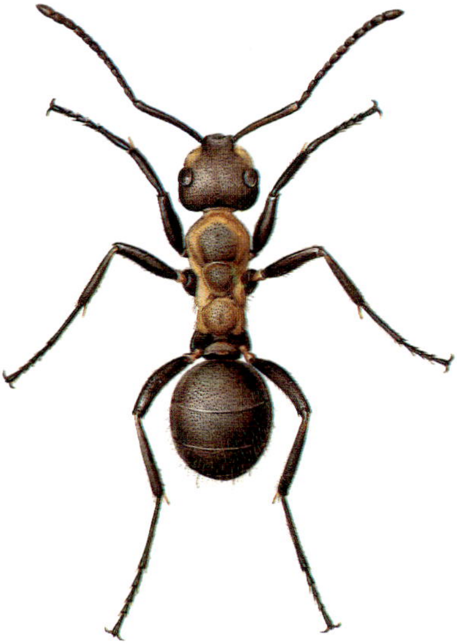

2 ☿

3 ☿

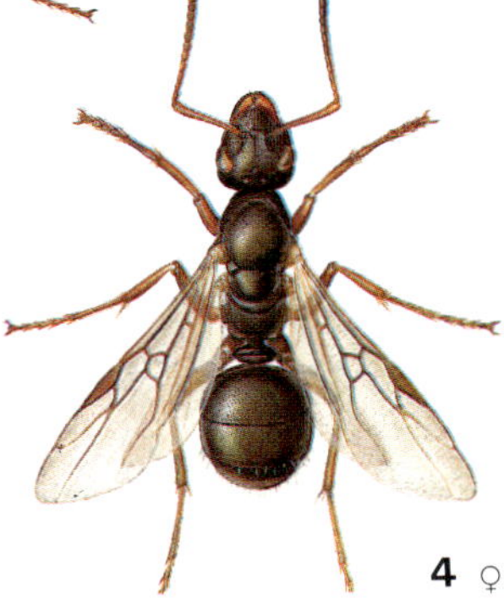

4 ♀

5

## Familie Formicidae, Ameisen

1–4 **Camponotus ligniperda** (Latr.), Roßameise. – Ähnelt in Färbung und Größe stark der nächsten Art. Genau wie bei dieser sind Brust und Stiel rötlich gefärbt, doch ist das Hinterleibsbasalsegment rötlich bis rotbraun, schütter behaart. Zwei weitere verwandte und ähnliche Arten sind vollkommen schwarz. Auch *C. ligniperda* ist in seiner Färbung recht variabel, für Bestimmungsschwierigkeiten gilt das gleiche wie für *C. herculeanus.* Früher galten beide Ameisenarten nur als Rassen einer einzigen Art und wurden *Camponotus herculeanus herculeanus* und *C. herculeanus ligniperda* genannt.
*C. ligniperda* lebt in Wäldern, jedoch im Gegensatz zur feuchtigkeitsliebenden Ameise *C. herculeanus* vorwiegend an offenen trockeneren Stellen in tieferen Lagen, gern siedelt sie auf Lichtungen. Das Nest wird nicht nur in Holz, sondern häufig auch unter Steinen im Erdreich angelegt. Ansonsten hat es den gleichen Bau wie bei *C. herculeanus.* Bevorzugt sitzt es in alten Stubben. Auch in diesem Nest befinden sich neben den Arbeiterinnen von normaler Größe (**4**) auffällig große Exemplare mit großem Kopf, die „Soldaten". *C. ligniperda* schwärmt Anfang Juni in den frühen Nachmittagsstunden, nach dem Hochzeitsflug verliert das Weibchen die Flügel (**2**) und legt selbständig ein neues Nest an. Die Art gehört zu den langlebigen Ameisen, Arbeiterinnen können 13 Jahre alt werden.
Verbreitung: Hauptsächlich in Mittel- und Südeuropa, in Asien und Nordamerika.
Länge: ☿ 7–14 mm, ♀ bis 18 mm, ♂ 9–12 mm.

5 **Camponotus herculeanus** (L.). Gehört zu den ganz großen Ameisen und ähnelt stark der vorigen Art; die Bestimmung eines Einzeltieres ist ohne eine Serie von Exemplaren nicht selten auch für den Fachmann ein Problem. Brust und Stielchen sind rötlich, der ganze Hinterleib glanzlos schwarz und dicht behaart.
*C. herculeanus* ist ein typischer Waldbewohner, der vorwiegend an feuchteren Stellen im Holz vorkommt, oft sogar in lebenden Stämmen, manchmal auch im Erdreich unter Steinen. Vor allem Fichten leiden unter seinem Befall. Das Nest dieser und der verwandten Arten ist ganz charakteristisch, es ist ein typisches Holznest aus einem System von Kämmerchen und Gängen, die längs der Jahresringe im Kernholz genagt werden.
Die Ameisen schwärmen Anfang Juni in den späten Nachmittagsstunden, dann erscheinen die gedrungenen Weibchen und Männchen. Nach dem Hochzeitsflug verliert das Weibchen die Flügel. Das Weibchen legt das neue Nest selbständig ohne fremde Hilfe an, es baut sich ein Kämmerchen, schließt sich dort ein und legt Eier. Diese Eier dienen dem Weibchen und den ersten Larven als Nahrung. Die geschlüpften Arbeiterinnen (**5**) beißen sich aus der Kammer ins Freie, und allmählich entsteht das neue Nest. Das Eindringen einer solchen Ameise in einen lebenden Baum hat für die Wirtspflanze schlimme Folgen. Einmal wird sie durch das Nagen von Gängen und Kammern geschädigt, zum andern lockt so ein befallener Baum Spechte an, die sein Holz aufmeißeln und im Bauminneren seinen Bewohnern nachstellen, die ihre beliebte Nahrung sind. Der befallene Baum wird spröde und bricht bei stärkerem Wind leicht. *C. herculeanus* ist in erster Linie ein Gebirgsbewohner, der normalerweise in allen höheren Lagen vorkommt. Bekanntermaßen befällt er auch Holzbauten im Gebirge, in deren Fundamente er aus dem Boden eindringt.
Die Art ist in Mittel- und Nordeuropa, Nordasien und Nordamerika verbreitet.
Länge: ☿ 7–14 mm, ♀ bis 18 mm, ♂ 9–12 mm.

1

2 ♀

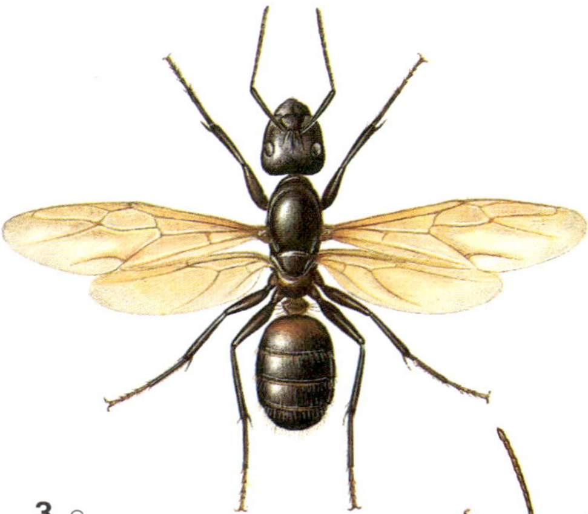
3 ♀

4 ☿

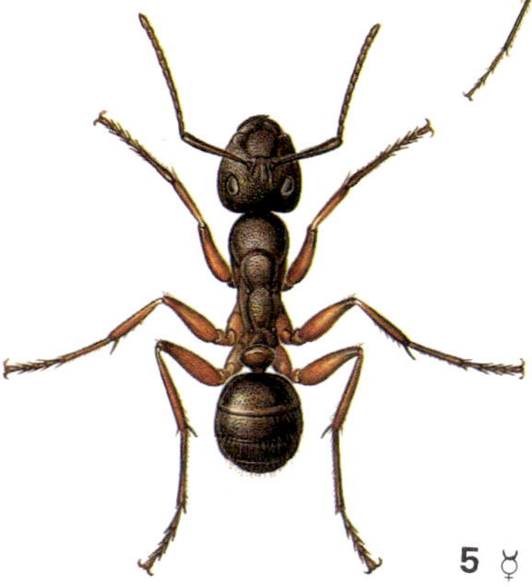
5 ☿

## Familie Myrmicidae, Ameisen

1 **Manica rubida** (LATR.). In der älteren Literatur meist *Myrmica rubida* genannt. Am ganzen Körper lang abstehend behaart, gehört zu den großen europäischen Ameisenarten. Sie lebt hauptsächlich in den Bergen an sonnigen, trockenen, steinigen Hängen mit niederer Vegetation, auf Weiden und Bergwiesen.
Ihr Nest liegt im Boden, manchmal auch unter Steinen, in Holz und in Mauerritzen. Das unterirdische Nest ist mit der Außenwelt durch Gänge verbunden, die in lehmwallumgebenen Öffnungen enden. In einem Nest leben etwa 1000 Arbeiterinnen (**1**) und normalerweise mehrere Königinnen.
Zum Schwärmen kommt es vom Frühjahr bis zum Herbst (September). Nach dem Hochzeitsflug wirft das Weibchen die Flügel ab und schließt sich in eine selbstgebaute Kammer ein. Das neue Nest gründet es selbst. Die Larven schlüpfen etwa vier Wochen nach der Eiablage. *M. rubida* ist mit einem Stachel ausgestattet, der mit einer Giftdrüse verbunden ist. Damit sticht sie auch große Ameisen, und das Sekret der Giftdrüse wirkt auf diese binnen kurzer Zeit tödlich, so daß sie im Kampf mit anderen Ameisen leicht siegt. Ein Stich ist für den Menschen zwar unschädlich, jedoch recht schmerzhaft. Auf einen Stich muß sich *Manica* etwa 30 Sekunden lang vorbereiten.
Verbreitung: Süd- und Mitteleuropa (geht in den Alpen bis in eine Höhe von 2400 m hinauf), Sibirien und Kleinasien. Fehlt in Nordeuropa und Großbritannien.
Länge: ☿ 5–8 mm, ♀ 9,5–13 mm, ♂ 8–10 mm.

2–4 **Myrmica rubra** (L.), Rotgelbe Knotenameise. – Eine der mittelgroßen gelblichen bis rotbraunen Ameisen, deren Bestimmung wie übrigens bei den meisten Ameisen die Verwendung einer stärkeren Lupe erfordert.
Genau wie die verwandten Arten sind Weibchen (**3**) und Arbeiterinnen (**2, 4**) mit einem Stachel ausgestattet; ihr Stich ist recht gut spürbar und brennt ziemlich lange.
Abgesehen davon, daß diese Art eine gewisse Feuchtigkeit zum Leben braucht, ist sie im Hinblick auf den Standort nicht allzu wählerisch. Sie kommt in Wäldern und an Waldwegen vor, aber auch auf Wiesen, Feldern und in Gärten und geht vom Tiefland bis in die Berge hinauf. *M. rubra* baut ein Nest im Erdreich unter Steinen, sonst in Grashorsten oder Moos, oft wird auch ein kleiner oberirdischer Haufen zusammengetragen. Häufig erscheint sie in morschen Stubben oder unter sich ablösender Rinde sowie in hohlen Bäumen.
Die Rotgelbe Knotenameise ernährt sich vorwiegend von Pflanzenmaterial, sucht Nektar in Blüten, sammelt Honigtau von Pflanzen und Blattläusen, leckt austretende Pflanzensäfte, sammelt auch Samen und nagt mit Vorliebe Erdbeeren an. Bei Nahrungsmangel geht sie auch auf Insektenjagd.
Das Nest ist monogyn oder polygyn, geflügelte Tiere – Männchen und Weibchen – findet man darin schon im Juni. Der Hochzeitsflug wird von Juli bis August absolviert, das befruchtete Weibchen verliert die Flügel und legt ohne die Hilfe einer anderen Ameisenart eine neue Kolonie an.
Das Verbreitungsareal von *M. rubra* umfaßt nahezu ganz Europa (in Südeuropa meist in den Bergen, im Norden reicht die Art bis Lappland), die gemäßigte Zone Asiens und Japan. Länge: ☿ 4–5,3 mm, ♀ 4,5–6 mm, ♂ 4,5–5 mm.

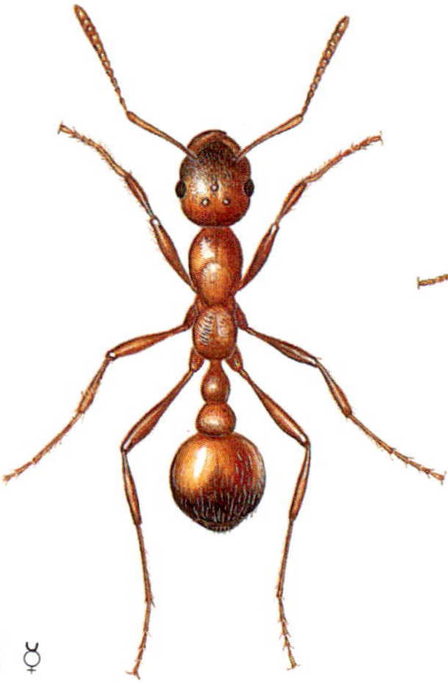

1 ☿

2 ☿

3 ♀

4

## Familie Myrmicidae, Ameisen

1 **Tetramorium caespitum** (L.), Gemeine Rasenameise. – Diese Art ist im Hinblick auf den Standort des Nestes nicht allzu wählerisch. Mit Vorliebe läßt sie sich an sonnigen Stellen mit nicht besonders dichter Vegetation nieder, doch lebt sie auch auf feuchten Feldern und in Gärten, fehlt auch in den verschiedenen Waldtypen nicht. Die Art geht bis ins Gebirge hinauf.

Das Nest ist nicht immer einheitlich, es liegt unterirdisch und wird oft unter einem Stein angelegt. Über dem Erdnest kann ein verschieden hoher Lehmhaufen zusammengetragen werden. Durch die kleinen Öffnungen darin steht das Ameisennest mit der Außenwelt in Verbindung. Die Rasenameise läßt sich aber auch in modernden Stämmen oder Mauerritzen nieder. Sie ernährt sich von verschiedenen Insektenstadien, doch schätzt sie auch den süßen Honigtau der Blattläuse.

Die Art ist flink, furchtlos und führt häufig Krieg. Zum Schwärmen kommt es hauptsächlich im Juli und August, doch auch schon im Mai und Juni. Nach dem Hochzeitsflug wirft das Weibchen die Flügel ab und gründet ohne die Mitwirkung einer anderen Art ein neues Nest.

Die Rasenameise lebt fast überall in Europa, doch fehlt sie im hohen Norden. Sie ist auch in Nordafrika, Sibirien und Japan verbreitet.

Länge: ☿ 3–4 mm, ♀ 6–8 mm, ♂ 5,5–7 mm.

2–4 **Monomorium pharaonis** (L.), Pharaoameise. – Verrät ihre Zugehörigkeit zur Familie Myrmicidae durch den zweiknotigen Stiel, der Körpervorder- und -hinterpartie verbindet. Eine unauffällige Art, deren bernsteingelbe Arbeiterinnen (**2, 4**) dunkler gefärbte Hinterleibsenden haben.

Die Pharaoameise ist eine von mehreren Ameisenarten, die der Mensch durch Verkehr und Handel über die ganze Welt verschleppt hat. In den mitteleuropäischen Klimabedingungen kann sie nicht frei in der Natur leben, da sie den rauhen Winter nicht übersteht, doch ist sie ein regelmäßiger Bewohner von Gebäuden mit Zentralheizung, Treibhäusern, Kuranlagen, aber auch Krankenhäusern. Hier gilt sie als besonders lästige Art, überdies wird ihr die Fähigkeit zugeschrieben, Bakterien zu übertragen.

Die Art ist Allesfresser, sie erscheint in großer Zahl auf Lebensmitteln aller Art. Ihr Nest ist ziemlich primitiv, es wird irgendwo im Versteck angelegt, häufig in einer Mauerspalte oder unter dem Fußboden. Die einzelnen Nester sitzen oft in unmittelbarer Nachbarschaft, die Nistkammern sind untereinander durch lange, schmale Gänge verbunden. In einem einzigen Nest leben immer eine größere Anzahl Königinnen (**3, 4**). Die geflügelten Männchen und Weibchen erscheinen erst im September/Oktober. Die Pharaoameise bildet zahlreiche Zweignester, daher ist ihre Zahl an einem Ort immer recht beträchtlich. Das Einzeltier fällt wegen seiner Kleinheit und der hellen Färbung kaum auf, doch erscheinen diese Ameisen immer massenhaft. Sie laufen emsig auf ihren Wegen umher, die durch ein Spezialsekret der Hinterleibsdrüsen markiert sind, und orientieren sich sehr gut mit Hilfe ihres Geruchssinns. Gerade wegen der vielen verborgenen Nester ist die Bekämpfung dieser Ameise sehr schwierig.

Die Heimat der Pharaoameise liegt wahrscheinlich in Südasien (Indien). Ihre heutige Verbreitung ist kosmopolitisch, in der gemäßigten Zone ist sie bereits zur mehr oder weniger kulturfolgenden Art geworden. Länge: ☿ 2–2,5 mm, ♀ 3,5–5 mm, ♂ 2,8–3 mm.

1 ☿

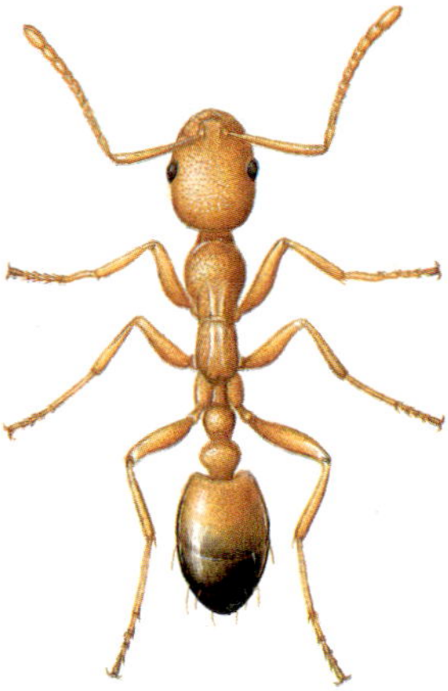

2 ☿

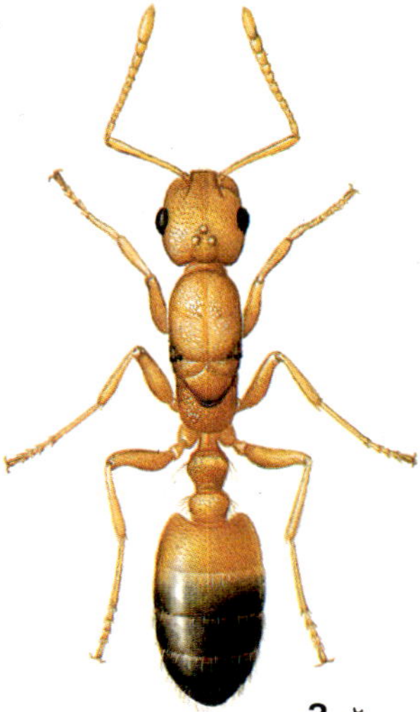

3 ☿

4

## Insekten in Ameisennestern

In Ameisennestern leben sehr viele verschiedene Insektenarten, die hier entweder zeitweiligen Unterschlupf und Nahrung finden oder auf die Dauer mit dem Ameisennest verbunden sind. Zu ihren Wirten haben sie freundschaftliche, indifferente oder feindliche Beziehungen.

### Familie Staphylinidae, Kurzflügelkäfer

1 **Dinarda dentata** (GRAV.). Vertreter der synökenten Arten, lebt in den Nestern der großen Ameisen aus der Gattung *Formica.* In einem einzigen Ameisenhaufen kommt normalerweise eine größere Anzahl Käfer vor. Das Gesamtaussehen dieses Käfers wird von der Ameisenart beeinflußt, bei der er lebt. Als Nahrung dienen ihm verschiedene Überreste und kleine Lebewesen. Länge: 3–3,5 mm.

### Familie Clavigeridae, Keulenkäfer

2 **Claviger testaceus** PREYSSL. Wurde bereits vor fast 200 Jahren in der Umgebung Prags entdeckt. Er ist eine typisch symphile Art und lebt bei den Ameisen der Gattung *Lasius,* am meisten zusammen mit der gelben Art *L. flavus.* Er ist blind und hat einen verkümmerten Mundapparat, so daß er nicht im Freien leben kann, sondern in seiner Lebensweise fest an die Ameisen gebunden ist. Aus besonderen Drüsen an den Flügeldeckenenden scheidet er Sekrete ab, die die Ameisen gerne lecken. Sie sorgen gut für ihren Untermieter, und bei Bedrohung bringen sie ihn mit ihren Kieferzangen in Sicherheit. Länge: 2–2,3 mm.

### Familie Monotomidae

3 **Monotoma conicicollis** GUÉR. Kommt häufig in den Nestern der großen Ameisen aus der Gattung *Formica (F. rufa, F. polyctena, F. pratensis)* vor. Durch Färbung und Körperform geht er vollkommen mit dem Baumaterial des Ameisenhaufens auf. Seine Beziehungen zum Wirt sind wahrscheinlich feindlich. Länge: 2,5–3,2 mm.

### Familie Scarabaeidae, Blatthornkäfer

4 **Potosia cuprea** (F.), Rosenkäfer. – Entwickelt sich gelegentlich im bewohnten und unbewohnten Ameisenhaufen der Roten Waldameise *(Formica rufa)* sowie der verwandten Arten. Seine weißliche, dicke Larve ernährt sich von Pflanzengewebe und schadet den Ameisen nicht. Sie wird aber von Wildschweinen, Füchsen und Dachsen ausgewühlt, wobei die Ameisenhaufen beträchtlich beschädigt werden. Die Larve klebt sich im Ameisennest einen Kokon, um sich darin zu verpuppen. Entwicklungsdauer zwei Jahre.

### Familie Chrysomelidae, Blattkäfer

5 **Clytra quadripunctata** L., Ameisen-Sackkäfer. – Entwickelt sich in Ameisennestern. Das Weibchen legt seine Eier auf ganz eigenartige Weise. Das Ei wird mit den Hinterbeinen festgehalten und mit einer Sekretschicht überzogen, die dann erstarrt. Das ganze Gebilde sieht wie ein Samenkorn aus und wird von einer Ameise ins Nest mitgenommen. Dort schlüpft die Larve, die sich um ihren Körper ein Röhrchen zusammenklebt, das sie aus Sicherheitsgründen nie verläßt. Als Nahrung dienen ihr Larven, Eier und Puppen der Ameisen. Das Auftreten dieser Blattkäferlarven kann gelegentlich die Ameisen in einem Nest empfindlich dezimieren. Die ausgewachsene Larve verpuppt sich in ihrer Röhre nahe der Oberfläche. Die Imago (**5**) schlüpft im Frühjahr, verläßt den Ameisenhaufen und hält sich auf den Sträuchern in seiner Umgebung auf.

1

2

3

4

5

## Familie Eumenidae, Pillenwespen

**1, 2 Eumenes pomiformis** F. Ähnelt stark der geringfügig größeren *E. subpomiformis,* mit dieser und einigen weiteren Arten wird sie häufig verwechselt.
Die Larvenentwicklung ist kompliziert und spielt sich in einem sehr ansehnlichen „Töpfchen" ab, das ein einzigartiges Bauwerk des Weibchens darstellt und wie eine winzige griechische Amphore (**2**) aussieht. Es ist fast kugelig, mißt 10–12 mm im Durchmesser, ist dünnwandig und außen grobkörnig. Nach oben hin verjüngt es sich zu einem Hals mit Kragen. Das Töpfchen wird aus Erdteilchen zusammengeklebt, die das Weibchen mit Speichel vermischt und in Kiefern und Tastern an den Bestimmungsort bringt. Es ist an einen Pflanzenstengel, den Zweig eines Strauches, an Stein, Fels, Mauer u. ä. festgeklebt. Das Weibchen füllt dieses Gefäß mit genügend Nahrung für die künftige Larve. Das sind Spannerraupen, die von der Pillenwespe angestochen und mit einem Sekret gelähmt, aber nicht getötet werden. Sie sind keiner aktiven Bewegung mehr fähig, bleiben aber am Leben. Bildlich gesprochen wird die Raupe zu einer Art Halbkonserve verarbeitet, die für die Larve hinreichend lange frisch bleibt. Schließlich schiebt die Wespe das Hinterleibsende ins Töpfchen und hängt ein Ei an die Decke. Anschließend wird alles mit einer Lehmschicht zugeklebt. Die Wespenlarve ist Fleischfresser, sie verläßt das Töpfchen überhaupt nicht (schließlich hat sie dort genug Nahrung) und verpuppt sich auch darin. Das Töpfchen ist zwar ein recht fester Bau, doch kommt es vor, daß irgendein Parasiteninsekt sein Ei hineinbringt. In den meisten Fällen sind das Goldwespen, deren Larve in diesem Töpfchen ausreichend Nahrung vorfindet, sich hier entwickelt und verpuppt. Anstelle der Pillenwespe schlüpft dann eine Goldwespe aus.
Die Pillenwespe ist über einen Großteil Europas (außer dem Norden) und in Nordafrika verbreitet. Länge: ♀ 11–16 mm, ♂ 10–11 mm.

**3 Odynerus murarius** (L.). Ähnelt weitgehend auch anderen Arten. Genau wie diese baut sie Nistzellen, die sie mit paralysierten Blattkäferlarven füllt. Die Zellen befinden sich meist in Mauerrissen. Auch in ihrem Nest schlüpfen oft Goldwespen, vor allem *Chrysis ignita* und *Ch. nitidula.*
Lebt in Mittel- und Südeuropa. Länge: ♀ 11–17 mm, ♂ 8–12 mm.

**4 Ancistrocerus parietum** (L.), Pillenwespe. – Gehört zu den gängigeren Arten. Bei uns gibt es zahlreiche auf den ersten Blick ähnlich aussehende Arten, so daß man zur richtigen Bestimmung eine starke Lupe braucht. Im Lauf eines Jahres entstehen zwei Generationen. Die erste fliegt im Frühjahr, die zweite ab Mitte August. Die Larven dieser Herbstgeneration überwintern. Die Pillenwespe nistet an verborgenen Stellen, bei der Nestgründung sucht sie meist den Gang eines anderen Insekts auf. Als Nahrung dieser Pillenwespenlarven dienen hauptsächlich die Raupen kleinerer Schmetterlinge und manchmal auch von kleinen Blattkäfern. Die Imago (**4**) fliegt gern Blüten an. Sie erscheint häufig auf Doldengewächsen, aber auch auf Schafgarbe *(Achillea),* Disteln *(Cirsium)* u. a.
Diese Pillenwespe ist über einen Großteil Europas verbreitet (in Fennoskandien bis in den hohen Norden) sowie in Nordamerika. Länge: 10–13 mm.

1

2

3

4

## Feldwespen- und Wespennester

Die Nester von Wespen und auch Feldwespen kann man mit einer gewissen Wahrscheinlichkeit bestimmen, auch wenn ihre Erbauer und Bewohner nicht mehr darin wohnen. In der folgenden Bestimmungstabelle wird zu jeder These eine Antithese angeführt. Bei der Bestimmung muß man sowohl These als auch Antithese durchlesen, also z. B. 1 (2) und 2 (1), die einander widersprechen. Dabei entscheidet man sich immer für eine der beiden Möglichkeiten, fährt dann mit der folgenden Nummer fort, bis man schließlich zum Namen der betreffenden Wespe kommt.

## Bestimmungstabelle

1 (2) Schutzhülle um das Nest (Wabe) nicht ausgebildet. Das ganze Nest besteht aus einer einzigen Wabe, die mit einem bzw. mehreren Stielchen befestigt ist. Die Wabe hat häufig vertikale oder geneigte Lage:

- a (d) Wabenzellen etwa gleich lang, nicht verbreitert, in der Wabe fast parallel. Im Nest befinden sich relativ viele Zellen (sogar mehrere hundert)
- b (c) Nest hell gefärbt, spröde, meist an einer sonnigen Stelle angelegt. Meist dicht über dem Boden an einem Pflanzenstiel, an Fels, Hauswand u. ä. angebracht ........................................ **Polistes nimpha**
- c (b) Nest dunkelgrau gefärbt, meist an einer windgeschützten Stelle – in einem hellen Hohlraum, auf dem Dachboden. Nicht selten mehrere Nester in dichter Nachbarschaft ........................ **Polistes gallicus (1)**
- d (a) Wabenzellen nicht gleich lang, strahlenförmig angeordnet. Das Nest enthält weniger Zellen.
- e (f) Nest dunkelgrau gefärbt; der Deckel, unter dem die ausgewachsene Larve in der Zelle eingedeckelt ist, liegt tiefer als der Zellrand. Die inneren Zellen der Wabe sind höher als die äußeren. Das Nest ist meist an Felsen, Gestein usw. angebracht ............... **Polistes biglumis bimaculatus**
- f (e) Nest hell mit einem leichten Gelbton, Zelldeckel weißlich ............................................................ **Polistes foederatus**

2 (1) Eine unterschiedlich starke und unterschiedlich gefärbte Schutzhülle bedeckt das ganze Nest, das immer aus mehr als einer Wabe besteht. Die Waben liegen waagrecht übereinander und sind durch senkrechte Stützen miteinander verbunden. Nester unter- oder oberirdisch.

3 (8) Nest normalerweise an einer hellen Stelle angebracht – auf einem Baumast, Strauch, im Dachgebälk, auf einem Holzdach, Fenstersims, liegt nur selten auf der Erde oder wenig tief im Boden (in dem Fall bleibt wenigstens ein Teil der Schutzhülle sichtbar). Die einzelnen Waben sind an den Rändern aufgebogen, die Zelldeckel über den eingeschlossenen Larven sind stark gewölbt.

4 (7) Nest annähernd Zitronen- oder Kugelform.

5 (6) Das Flugloch ist oft mit einem Fortsatz versehen. Schutzhülle hellgelb oder blaßgrau, erinnert an Pergament. Das Nest enthält etwa 100 Zellen und ist meist an Strauchzweigen angebracht ............... **Dolichovespula media**

1

2

3

## Feldwespen- und Wespennester

6 (5) Flugloch ohne Fortsatz. Schutzhülle grau bis graugelb gefärbt, im Nest befinden sich mehrere hundert Zellen. Meist ist das Nest unter Hausdächern, in Nistkästen, in Baumwipfeln oder aber untief im Boden angelegt (teilweise sichtbar). Stirbt Ende August aus .......................... **Dolichovespula sylvestris** (Dieses Nest ähnelt häufig dem von *D. saxonica* und kann ohne Anwesenheit der Wespe nicht näher bestimmt werden.)

7 (4) Das Nest hat die Form einer Erdbeere oder einer umgedrehten Birne, ist an der Basis breit und nach unten hin verjüngt, grau gefärbt:

a (b) Nest hängt meist im Dachraum von Häusern, Scheunen, auf dem Dachboden, in oberen Fensternischen, Heustadeln, Wildfutteranlagen, seltener auf Bäumen. Stirbt im Laufe des August aus ...................... ....................... **Dolichovespula saxonica** (Bild **2**, siehe S. 124)

b (a) Nest meist in dichtem, niedrigem Gebüsch (dann sind auch Blätter und Zweige in die Außenhülle eingearbeitet), in Bodenvertiefungen auf Wiesen, nur selten unter Hausdächern. Stirbt bereits im Laufe des August aus .................................... **Dolichovespula norwegica** (Das Nest ähnelt oft dem von *D. saxonica* und läßt sich ohne die Anwesenheit der Wespe nur schwierig bestimmen.)

8 (3) Das Nest ist in einem dunklen Raum angelegt, meist in der Erde, in hohlen Bäumen, hohlen Wänden, auf Dachböden usw. Die einzelnen Waben sind gerade, an den Rändern nicht aufgebogen. Die Zellen darin sind kantig, gerade. Die Larven verschließen sich unter nur schwach gewölbten Deckeln.

9 (10) Das mächtige Nest ist von einer weißlich-gelben bis ockerfarbenen, vielschichtigen Hülle umschlossen, die eine röhrenförmige Längsskulptur aufweist. An der Unterseite ist das Nest gerade gekappt, offen, ziemlich breites Flugloch. Das Nest sitzt meist in einem hohlen Baum oder in einem Mauerwinkel ....... ................................. **Vespa crabro** (Bild **3** – siehe Seite 124)

10 (9) Die Schutzhülle hat keine röhrenförmige Längsskulptur, die Schutzschicht ist entweder muschelartig oder aus konzentrischen Schichten gebildet! Flugloch klein, das Nest ist an der Unterseite nicht gerade gekappt und nicht breit geöffnet.

11 (12) Schutzhülle und Waben sind gelb bis gelblich-braun. Das Nest mit seinen 8–10 Waben sitzt immer im Dunkeln, meist im Erdreich, in hohlen Räumen, Nistkästen usw. Stirbt im Oktober aus ................................ ................................................. **Vespula vulgaris (3)**

12 (11) Schutzhülle des Nestes und Waben sind grau.

13 (14) Das Nest ist relativ klein, meist nur 3–4 Waben. Es liegt untief im Boden, zu ihm führt ein kurzer Einschlupf. Manchmal sitzt es auch in einem hohlen Stamm, Stubben usw. Das Nest stirbt schon Ende August/Anfang September aus ..... ................................................ **Vespula rufa (2)**

14 (13) Nest relativ groß, hat 7–8 Waben, die von einer Schutzhülle mit Muschelskulptur umgeben sind. Es liegt verhältnismäßig tief im Boden, der Einschlupfgang ist länger. Das Nest stirbt erst in der zweiten Oktoberhälfte aus .............. ............................................ **Vespula germanica (1)**

1

2

3

## Familie Vespidae, Soziale Faltenwespen

1–4 **Vespa crabro** L., Hornisse. – Größte und robusteste europäische sozial lebende Wespe. In Mitteleuropa erscheint sie in zwei farblichen Formen (Unterarten), die sich leicht unterscheiden lassen. Das ist *Vespa crabro crabro* (**3**) mit dunkel gefärbter Mittelbrustoberseite und *V. crabro germana* (**4**), auf deren Mittelbrustoberseite eine rote, V-förmige Zeichnung sichtbar ist. Mit Vorliebe bewohnen die Hornissen Eichen- und Auwälder und erscheinen auch in der Nähe des Menschen. Die Königin legt nach der Überwinterung unter der Rinde eines halbvermoderten Baumstubbens oder im alten Holz im Frühjahr ein Nest an, meist dort, wo sie überwintert hat bzw. unmittelbar daneben. Nicht selten nisten Hornissen mehrere Jahre nacheinander am gleichen Ort, doch benutzen sie nie ein Vorjahresnest. Als Baumaterial dient altes, morsches, zu Mulm zerfallenes Holz von alten Eichen oder Hartholzbalken. Daher ist das Nest auch hellockerbraun gefärbt. Die Hornisse raspelt mit ihren Kiefern Holz ab, vermischt es mit Speichel und bringt es an den Bestimmungsort. Zunächst werden ein Stiel und anschließend einige Zellen zusammengeklebt, die die Grundlage der ersten Wabe bilden. Um sie herum wird auch der Anfang der Schutzhülle geklebt. In jede Zelle kommt ein einziges Ei. Die geschlüpften Larven hängen kopfüber in den Zellen. Um sie vor dem Herausfallen zu bewahren, sind sie anfänglich mit einer klebrigen Masse festgeklebt; wenn sie zunehmen und dicker werden, füllen sie die ganze Zelle aus und sitzen in ihr fest. Dort deckeln sie sich auch ein, um sich zu verpuppen. Etwa 4–5 Wochen nach der Eiablage schlüpfen die ersten Arbeiterinnen, sie übernehmen die meisten Pflichten der Königin, die diese bislang allein versehen mußte. Sie bauen die erste Wabe zu Ende und schreiten schnell mit den Bauarbeiten fort. Eine Arbeiterin (**3**) klebt in einem „Zug" (d. h. aus einer einzigen Materialdosis) einen etwa 30 mm langen und 10 mm breiten Streif! Sobald die erste Wabe fertig ist, wird einige Zentimeter darunter das nächste „Stockwerk" in Angriff genommen. Es wird mit einem Stiel aus festerem Material an der darüber liegenden Etage (**2**) verankert. Um dem Nest größere Festigkeit zu geben, werden noch weitere Seitenverbindungen erstellt. Zum Bau der Stockwerke kommt auch noch die Anlage einer drei- bis vierschichtigen Schutzhülle (**1**), die das Nest vor Witterungsunbilden schützt und dunkel hält.

Ein mittelgroßes Nest hat etwa 5 Waben, doch sind auch Riesennester mit 15 Waben bekanntgeworden. Die Wabe hat einen Durchmesser von etwa 20 cm, insgesamt sitzen etwa 1500 Zellen darin. Sobald eine Imago geschlüpft ist, wird ihre Zelle erneut benutzt. Durch den Bau der neuen Waben werden die ursprünglichen, obenliegenden unbequem und schlecht zugänglich, daher mauern die Arbeiterinnen sie manchmal mit Papiermaché zu bzw. beseitigen sie. In den ersten Waben sind alle Zellen klein, in ihnen entwickeln sich sowohl Arbeiterinnen als auch ein Teil der Männchen. Später erscheinen große Zellen, die zur Aufzucht von Königinnen und weiteren Männchen dienen. Die Schutzhülle des Nestes hat eine sehr feine, schöne Skulptur, die ein wenig an Dachziegel erinnert. An der Unterseite ist das Nest gerade gekappt und breit offen. Hier fallen die Abfälle heraus, die von den Hornissen nicht selbständig weggetragen werden. Länge: ☿ 18–25 mm, ♀ 23–35 mm, ♂ 21–28 mm.

1

2

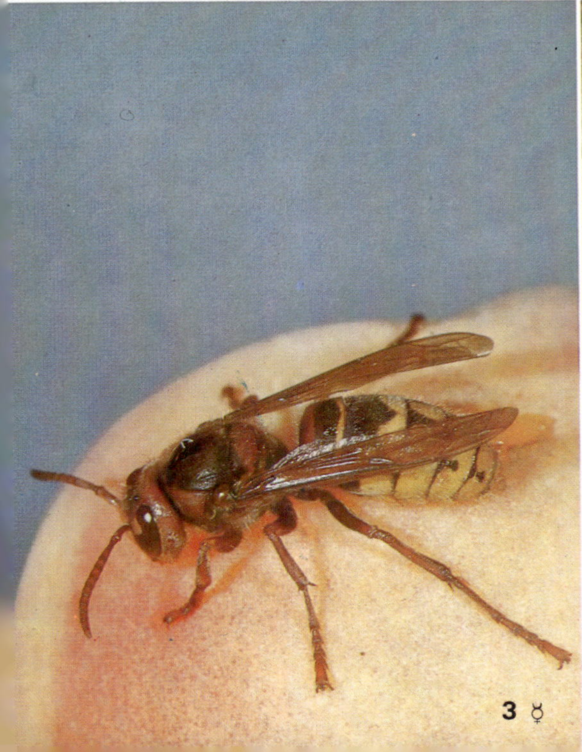
3 ☿

4

## Familie Vespidae, Soziale Faltenwespen

1, 2 **Vespa crabro** L., Hornisse. – Das Hornissennest wird unablässig bewacht. Am Eingang befinden sich ständig Wächter, die bei Gefahr Alarm schlagen und Arbeiterinnen herbeirufen, die augenblicklich zum Angriff übergehen können. Die Königinnen fliegen nach der Überwinterung von Mitte April bis Mitte Juli, die Arbeiterinnen von Anfang Juli bis Mitte Oktober, Männchen erscheinen Ende September, junge Königinnen ebenfalls im Laufe des September. Der Flug der jungen Weibchen (der künftigen Königinnen) und das Erscheinen von Männchen künden das Ende des Hornissenstaates an. Die begatteten Weibchen lagern die männlichen Geschlechtszellen in einen besonderen Behälter ein und verwenden sie im Frühjahr nach und nach zur Befruchtung der Eier. Der Untergang des Hornissenstaates wird durch Schwinden der Arbeiterinnen eingeleitet. Die noch im Nest vorhandenen Tiere vernachlässigen ihre Fütterungspflichten, die Larven magern ab, fallen aus den Zellen, und die Hornissen tragen sie in den Kiefern hinaus, um sie unter das Nest oder in die Umgebung zu werfen. Die Königin stirbt, erschöpft durch das unablässige Eierlegen.

Hornissen jagen alle möglichen Insekten, vor allem Zweiflügler. Bei der Untersuchung von Hornissenbeute wurde festgestellt, daß sie fast zu 90% aus Fliegen besteht. Hornissen sammeln aber auch Nektar (z. B. auf Linden), saugen Säfte an verletzten Laubbäumen und dringen auch in Bienenstöcke ein, wo sie Honig rauben. Ihre Nahrung sammeln sie in einem Kropf, die Arbeiterinnen kehren mit gefülltem Kropf ins Nest zurück. Zur eigenen Ernährung verzehren sie nur einen Teil der Beute, nach Rückkehr ins Nest übergeben sie den anderen Teil den Larven, der Königin und den Jungtieren, die bisher noch nicht jagen (**1**). Diese verbrauchen auch nur einen Teil der Nahrungsration, den Rest reichen sie an andere hungrige Tiere weiter. Man könnte sagen, daß hier so etwas wie ein sozialer Magen des ganzen Staates existiert. Die hungrigen Larven heischen ganz energisch nach Fütterung: Sie kratzen mit ihren Kiefern an den Zellenwänden und machen so die Arbeiterinnen auf sich aufmerksam. Auf ihren Flügen bei Nahrungs- und Baumaterialsuche lassen sich Hornissen kaum von Wind, leichtem Regen, klarem oder trübem Wetter beeinträchtigen, sie fliegen sogar nachts. Sinkt die Temperatur im Oktober längere Zeit unter 15°C, finden die Arbeiterinnen nur noch geringe Beute. Die Larven (jetzt auch noch die Larven der künftigen Weibchen) leiden Mangel, magern ab und sterben.

Die Hornisse hat aus menschlicher Sicht zweifellos eine positive Bedeutung als Raubinsekt, allein schon wegen der großen Fliegenmengen, die sie in der Nähe des Nestes vertilgt. Darüber hinaus ist sie eines der schönsten Hautflügelinsekten und ein hervorragender Baumeister eines perfekt konstruierten Nestes (**2**). Den Menschen greift sie nicht direkt an, doch weckt sie durch ihre Größe und „Wespenfärbung" Angst. Ich hatte mehrfach die Möglichkeit, in die unmittelbare Nähe eines Hornissennestes zu gelangen, vor allem bei der Erstellung der Farbaufnahmen. Dabei ist es nie zu einem Angriff gekommen, nicht einmal dann, wenn in unmittelbarer Nähe fotografiert wurde.

Die Hornissen bewohnen einen Großteil Europas (sie überschreiten den 63. Breitengrad nicht) und Asiens. In Deutschland kommen beide Unterarten vor. Seit der Mitte des 19. Jahrhunderts erscheint die Art in Amerika, seit 1957 auch in Kanada.

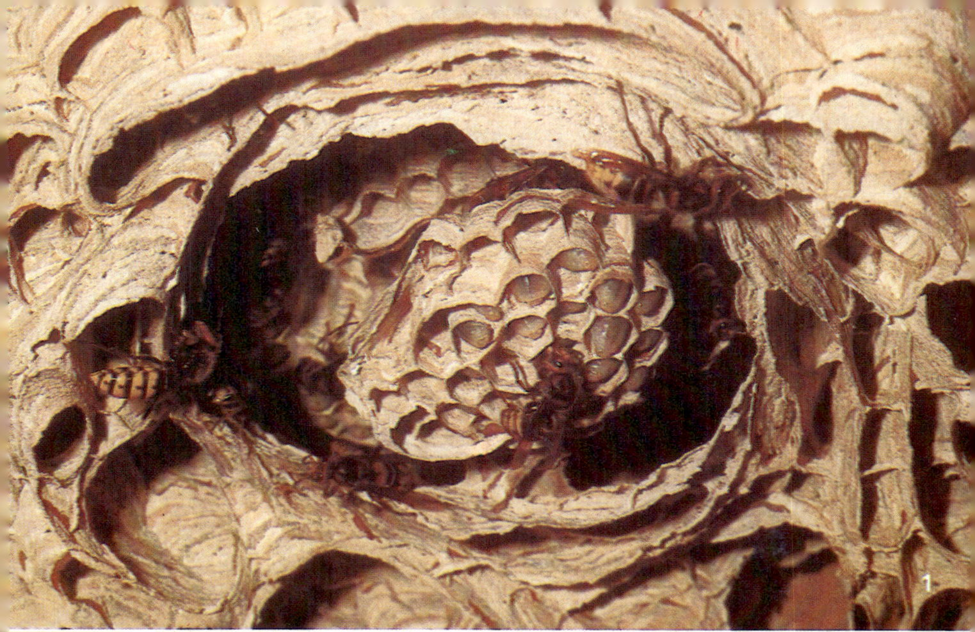
1

2

## Familie Vespidae, Soziale Faltenwespen

1–4 **Vespula vulgaris** (L), Gemeine Wespe. – Gehört mit der Deutschen Wespe *(V. germanica)* zu den zahlreichsten und bekanntesten sozialen Wespen. Beide Arten ähneln sich auf den ersten Blick stark. Die Arbeiterinnen kann man vor allem an der Stirnschildzeichnung unterscheiden: Die Gemeine Wespe hat auf gelbem Untergrund ein gestrecktes, nach oben hin verbreitertes Gebilde (**1**), während sich bei der Deutschen Wespe nur drei normalerweise voneinander abgesetzte, verschieden große schwarze Flecken (**2**) finden.

Die Gemeine Wespe nistet in unterirdischen Räumen, oft in Fichtenwäldern, auf Wiesen, Grashängen, an Ufern, Wegen, in Gärten (sogar in Kompost) usw. Weniger häufig nistet sie in dunklen oberirdischen Räumen. Den Platz für das künftige Nest sucht die Königin aus, wenn sie im Frühjahr aus dem Winterschlaf erwacht. Zunächst durchstreift sie das Gelände. Dabei fliegt sie niedrig über dem Boden, und wenn sie ein in die Tiefe führendes Loch gefunden hat (verlassenes Mäusenest usw.), verschwindet sie in der Erde. Ist sie mit der Wahl zufrieden, begibt sie sich auf kürzere Flüge in die nächste Umgebung und kehrt wiederholt zurück, um sich die Lage zu merken. Im ausgewählten Raum beginnt sie mit dem Nestbau. Das Nest wird aus Papiermaché zusammengeklebt, das aus altem, moderndem Holz gewonnen wird. Mit den Kiefern werden kleine Stückchen zusammengekratzt, mit Speichel durchmischt und zu einem Kügelchen geformt, das in den Kiefern ins Nest getragen wird, um dort verarbeitet zu werden. Zuerst wird der Stiel geklebt, dann die ersten paar Zellen und der Ansatz der künftigen Schutzhülle. Beim Bau wird das Papiermaché zu dünnen Streifchen verstrichen. Die Zellen werden dicht aneinander geklebt und weisen mit dem offenen Ende nach unten. Sobald sie an Zahl zunehmen, entsteht die erste Wabe. Ins Innere jeder Zelle wird ein Ei geklebt. Die Entwicklung der neuen Generation dauert nur etwa 4–5 Wochen, was für das weitere Schicksal des Wespenstaates sehr wichtig ist. Die Königin würde schon bald nicht mehr alle Arbeit schaffen, immerhin muß sie anfangs nicht nur bauen, sondern auch auf Beutefang gehen und die ersten Larven füttern. Die ersten Nachkommen – junge Arbeiterinnen – erscheinen Anfang Juni. Vor allen Dingen bauen sie am Nest weiter und füttern die neu entstehende Nachkommenschaft. Sie vollenden die erste Zellwabe und bauen weitere, die parallel zur ersten liegen und durch senkrechte Mittel- und Randleisten verbunden sind. Auch bauen sie die Schutzhülle weiter und erweitern die eigentliche Höhle. Auch das ist eine Aufgabe der Arbeiterinnen. Bei diesen Erdarbeiten können sie auf Wurzeln oder größere Steine stoßen. Diese Hindernisse werden umbaut, kleinere Wurzeln werden durchgebissen. Das Nest wächst in Raum und Anzahl ziemlich schnell. Die Arbeiterinnen (**3**) nehmen schnell zu, daher gehen auch die Bauarbeiten immer schneller voran. In der vollen Saison hat das Nest 8–10 Waben mit rund 20 cm Durchmesser. Insgesamt befinden sich im Nest etwa 7000–10000 Zellen. Aus ihnen schlüpfen mehrere tausend Arbeiterinnen sowie mehrere hundert Männchen und Weibchen (**4**). Die Zellenzahl eines Nestes gibt aber nicht die Anzahl der Individuen an, die darin geschlüpft sind. Diese Zahl erreicht man annähernd, wenn man die Zahl der Zellen mit 1,6 mulitpliziert. Viele Zellen werden nämlich mehrfach benutzt. In den ersten Waben sitzen nur kleine Zellen, in den weiteren außerdem auch große. In den kleinen Zellen entwickeln sich Arbeiterinnen und ein Teil der Männchen, in den großen spielt sich die Entwicklung von Weibchen und weiteren Männchen ab. Je mehr größere Zellen man findet, um so älter ist das Wespennest.

Länge: ☿ 11–14 mm, ♀ 16–19 mm, ♂ 13–17 mm.

1

2

3 ☿

4 ♀

## Familie Vespidae, Soziale Faltenwespen

**1, 2 Vespula vulgaris** (L.), Gemeine Wespe. – Wie verläuft die Wespenentwicklung? Aus dem Ei schlüpft die Larve. Um sie vor dem Herausfallen aus der Zelle zu bewahren, ist sie darin teilweise festgeklebt. Sie kann sich also nicht aktiv bewegen und ist völlig auf die Pflege der Arbeiterinnen angewiesen. Meist erhält sie schon bereitgestellte Säfte, die die Wespenarbeiterinnen durch den Mund aus dem Kropf hervorwürgen. Die ältere Larve nimmt auch feste Nahrungsbröckchen an. Sie häutet sich dreimal, die letzte Larvenstufe ist dick und muß nicht mehr festgeklebt sein, da sie die Zelle völlig ausfüllt. Die ausgewachsene Larve spinnt an der Zellspitze einen seidigen Deckel, spinnt sich selbst in eine dünne Seidenschicht ein und verpuppt sich in der Zelle. Die geschlüpfte Wespe durchbeißt den Deckel und kriecht heraus (**2**). Eine gewisse Zeit verbleibt sie noch im Nest, um sich dann auf die ersten Erkundungsflüge zu machen. Mit herannahendem Herbst erscheinen im Nest außer den Arbeiterinnen auch junge Weibchen (Anfang September) und Männchen (ab August). Die Männchen können sich weder am Nestbau beteiligen noch die Larven füttern, doch werden sie von den Arbeiterinnen nicht getötet.

Die Gemeine Wespe könnte ohne ihren Staat nicht existieren. Die Arbeiterinnen sorgen vor allem für den Nestbau (**1**), die Erweiterung der Nisthöhle, Fütterung der Jungen und nicht zuletzt für eine gleichmäßige Temperatur (etwa um 30 °C). Herrscht eine hohe Außentemperatur, fächeln die Wespen im Nest mit den Flügeln und bringen Wasser herbei. Als Kühlflüssigkeit dient auch ein Sekret, das die Larven durch den Mund abscheiden.

Die Gemeine Wespe ist ein guter, schneller Flieger. Sie fliegt in Horizontallage, kann senkrecht auf und ab fliegen, gegebenenfalls auch rückwärts, wobei die Körperachse in derselben Lage bleibt. Ihre Suche nach Nahrung und Baumaterial wird von heiterem oder bedecktem Himmel, Wind oder leichtem Regen nicht besonders stark beeinträchtigt. Sie ist in erster Linie ein Räuber. Sie jagt Insekten, und zwar bevorzugt Fliegen, die ihre wichtigste Nahrung darstellen. Die Gemeine Wespe jagt keine fliegende Beute, sondern lauert auf ein sitzendes oder sich langsam bewegendes Insekt. Sie fängt die Beute mit den Füßen, tötet sie mit den Kiefern und versetzt ihr je nach Bedarf noch einen Stich. Aus der Beute wird Saft gesaugt, das Tier wird zu einer Art Paket verarbeitet. Dem Beutestück werden Beine, Kopf und Flügel abgerissen. Dabei arbeitet die Wespe sehr schnell: Binnen weniger Sekunden bis Minuten (je nach Größe) ist das Paket transportfertig. Es kann bis zu $^4/_5$ des Körpergewichtes der Wespe haben. Wespen saugen auch gern süße Säfte. Sie fliegen Blüten an, um daraus Nektar zu saugen, aber auch reifendes Obst, vor allem Fallobst. Besonders gern fliegt sie in menschliche Wohnungen auf Marmelade, Honig, Obstsäfte, Gebäck mit Obst, Torten, doch verschmäht sie Schokolade.

Gegen den Herbst nimmt die Zahl der Arbeiterinnen im Nest ab, es tauchen mehr Männchen und Weibchen auf. Das kündet den Untergang des Wespenstaates an. Gibt es zu wenig Fütterer, gehen die Larven an Hunger zugrunde, fallen auf das Dach der darunter liegenden Wabe und werden von den Wespen mit den Kiefern hinausgeschafft. Den Winter überstehen nur junge, befruchtete Weibchen. Sie verbergen sich in Holzschuppen, allen möglichen Spalten, Dachböden von Häusern u. ä.

Über die Bedeutung der Gemeinen und der Deutschen Wespe wurden schon viele Abhandlungen und Bücher geschrieben. Ihre aus menschlicher Sicht positive Bedeutung als Raubinsekt ist nachgewiesen. Unangenehm ist für uns nur ihr Stich. Wohl jeder hat schon einmal den brennenden Schmerz gespürt, den der Stich eines Wespenweibchens oder einer Arbeiterin verursacht (das Männchen sticht nicht). Von sich aus greift die Wespe den Menschen nicht an, sie sticht nur in Lebensgefahr oder bei Bedrohung des Nestes.

Die Gemeine Wespe lebt in ganz Europa, in der gemäßigten Zone Asiens, in Nordamerika und Mexiko. Seit 1960 ist sie auch in Australien und auf Hawaii bekannt.

1

2

## Familie Vespidae, Soziale Faltenwespen

**1–4 Vespula germanica** L., Deutsche Wespe. – Eine der beiden häufigsten Wespenarten der europäischen Fauna. Die überwinternde Königin (**1**) gründet im Frühjahr ein Nest, meist nur etwa 20 cm tief im Erdboden in einer geschlossenen Höhle, in die kein Licht dringt. Bild **3** zeigt das Flugloch in das Nest. Die Nester liegen normalerweise an offenen, waldlosen Stellen, z. B. auf Heideflächen, an Feldrainen, Ufern, in Wiesen und Rasen sowie in Gartenkompost. Weniger häufig sind oberirdische Nester, aber auch dann werden sie in einer dunklen Höhlung angelegt.

Als Baumaterial dient altes, verwittertes Holz von Zaunlatten und -pfählen, Telegrafenstangen oder alten, trockenen Stämmen. Brauchbar sind auch altes Papier oder alte Textilien. Die Schutzhülle ist an der Außenseite muschelartig, ihre einzelnen Wände liegen dicht aneinander. Die Hülleninnenseite ist glatt. Das Nest hat eine graue Farbe, dadurch unterscheidet es sich zuverlässig vom gelbbraunen Nest der ähnlichen Gemeinen Wespe (**4**).

In einem Nest sitzen meist 7–8 Waben, der Wabendurchmesser beträgt meist rund 20 cm. In einem normalen Nest befinden sich rund 7500 Zellen, doch sind auch wesentlich größere Nester bekannt. Die Zellen sind nicht gleich groß, einige sind kleiner (zur Aufzucht der künftigen Arbeiterinnen und einiger Männchen), andere sind groß (darin entwickeln sich die künftigen Königinnen und weitere Männchen). In den oberen, den ältesten Waben befinden sich nur kleine Zellen, denn in der Anfangsphase des Wespenstaates schlüpfen nur Arbeiterinnen (**2**). Von der vierten Wabe an erscheinen daneben auch große Zellen, die in den letzten Waben überwiegen. Im Laufe der Saison schlüpfen im Nest etwa 8000 Arbeiterinnen und mehrere hundert Männchen und Weibchen (wie bei anderen Arten werden auch hier die Zellen mehrfach benutzt).

Im Spätherbst geht das Nest zugrunde, Arbeiterinnen und Männchen sterben, den Winter überstehen nur die jungen befruchteten Weibchen – die künftigen Königinnen (die Wespen vollführen keinen Hochzeitsflug wie die Ameisen- oder Bienenweibchen). Sie überwintern in Hohlräumen, unter Rinde, manchmal auch im Nest, in dem sie auf die Welt gekommen sind, usw. Gelegentlich überwintern mehrere Exemplare gemeinsam. Die überwinternde Königin nimmt eine typische Haltung ein: Sie klammert sich mit Füßen und Kiefern an der Unterlage fest, klappt die Fühler abwärts unter den Körper, biegt die Flügel längs um und drückt sie an die Hinterleibsunterseite.

Schon in der zweiten Märzhälfte kommen die Königinnen aus dem Winterversteck, in größerer Zahl erscheinen sie im Laufe des April/Mai. Die Arbeiterinnen fliegen bis Mitte November, Männchen von Mitte August bis Mitte November, junge Königinnen erscheinen von September bis November.

Die Deutsche Wespe ist ein Räuber, ihre Beute besteht vorwiegend aus Insekten. Natürlich hängt die Beutezusammensetzung davon ab, in welcher Umgebung sich das Wespennest befindet. Auch die Deutsche Wespe schleckt gern süße Säfte. Sie sammelt Honigtau und fliegt Blüten, Obst, Gemüse und Obstläden, Konditoreien, Speisekammern und Wohnungen an. Die Imker sehen sie nicht gern und töten sie in der Nähe ihrer Bienenstöcke, denn die Deutsche Wespe geht auch gern an den Bienenhonig.

Gegenwärtig bewohnt sie alle Kontinente, in Europa fehlt sie nur in Nordskandinavien und Finnland. Länge: ☿ 12–16 mm, ♀ 17–20 mm, ♂ 13–17 mm.

1 ♀

2 ☿

3

4

## Familie Vespidae, Soziale Faltenwespen

1–4 **Vespula rufa** (L.), Rote Wespe. – Von unseren übrigen Wespen leicht an der rotorangen Färbung des ersten und zweiten Hinterleibssegmentes zu unterscheiden. Es besteht eine gewisse Ähnlichkeit mit *Dolichovespula norwegica,* die am zweiten, evtl. auch am ersten Hinterleibssegment seitlich zwei rotorange Flecken hat, überdies ist *D. norwegica* eine Langkopfwespe. Die Rote Wespe ist an ruhigeren, eher offenen Stellen in Hügelland relativ zahlreich, auch in Gärten fehlt sie nicht. Sie nistet im Boden, manchmal nur in einem Graben, doch ist das Nest völlig versteckt, auch von der Schutzhülle ist nichts zu sehen. Waben und Schutzhülle werden aus verwitterten Holzteilchen zusammengeklebt, die die Arbeiterinnen mit ihren Kiefern von Zaunpfählen und -latten, Telegrafenstangen, trockenen Fichtenstämmen usw. abkratzen. Das Nest ist daher grau (**3**), die gleiche Färbung hat auch das Nest einer anderen erdbewohnenden Art – der Deutschen Wespe, die das gleiche Baumaterial verwendet. Das Nest liegt untief im Boden, zu ihm führt nur ein kurzer Gang. Das Schlupfloch ist normalerweise in der Vegetation verborgen. Das Nest ist verhältnismäßig klein und besteht meist nur aus 3–4 Waben mit mehreren hundert Zellen. In der Anfangsphase enthalten die Waben nur kleine Zellen, in denen sich die Arbeiterinnen und die meisten Männchen entwickeln. Später werden große Zellen geklebt (die zahlenmäßig überwiegen können), in denen sich alle Weibchen entwickeln – die künftigen Königinnen, sowie eine kleine Anzahl Männchen.

Die Rote Wespe hat einen kurzen Lebenszyklus. Ihr Nest stirbt mindestens 4–6 Wochen früher als die Nester der Gemeinen und der Deutschen Wespe. Die überwinternde Königin (**1, 2**) fliegt schon in den ersten warmen Frühlingstagen aus, etwa Ende März. Sie baut selbst die Nestanfänge, legt Eier und zieht die ersten Arbeiterinnen auf. Diese übernehmen dann alle Pflichten im Zusammenhang mit Nestbau und Brutpflege. Die ersten Arbeiterinnen erscheinen Mitte Juni, die letzten noch gegen Mitte September. Junge Königinnen schlüpfen im August und September, Männchen (**4**) von Anfang August bis Mitte September. Zu dieser Zeit liegt das Nest bereits im Sterben.

Die Rote Wespe ist wie andere Wespen auch ein Räuber. Sie jagt vor allem Insekten, die Imago erscheint aber auch auf allen möglichen Blüten. Sie saugt Nektar und sammelt den Honigtau der Blattläuse. Sie fliegt auch reifes Obst an.

Die Rote Wespe ist eine wenig angriffslustige Art, die nur selten in die Wohnungen geflogen kommt und weder Fleisch- noch Süßspeisen in menschlichen Behausungen sucht. Angaben zufolge soll der Stich der Roten Wespe weniger schmerzhaft sein als z. B. der Stich der Deutschen Wespe. Ich muß aus eigener Erfahrung etwas anderes bestätigen. Meine „vertrauliche" Bekanntschaft mit der Gemeinen und der Deutschen Wespe beim Fotografieren wurde durch weniger brennende Stiche belohnt als gerade von der Roten Wespe. Ihr Stich brannte noch am dritten Tag empfindlich und ging im Gegensatz zu den anderen Arten nicht ohne beträchtliche Schwellungen ab.

Die Rote Wespe ist über ganz Europa verbreitet, geht im Norden weit bis Fennoskandien hinauf, in Südeuropa bewohnt sie Gebirge. Auf den Britischen Inseln zahlreich.

Länge: ☿ 10–14 mm, ♀ 16–20 mm, ♂ 13–16 mm.

1 ♀

2 ♀

3

4 ♂

## Familie Vespidae, Soziale Faltenwespen

**1–4 Dolichovespula saxonica** (F.), Sächsische Wespe. – Gehört genau wie ihre nächste Verwandte *D. norwegica* zu den Langkopfwespen, d. h., sie hat relativ lange Wangen, deren Länge (Entfernung zwischen Kieferbasis und Facettenaugenunterrand) wesentlich größer als die halbe Breite eines einzelnen Kiefers ist. Durch dieses schon mit einer stärkeren Lupe gut sichtbare Merkmal kann man die Sächsische Wespe und verwandte Arten von den Kurzkopfwespen unterscheiden, deren häufigste Vertreter bei uns die Deutsche Wespe *(Vespula germanica)* und die Gemeine Wespe *(V. vulgaris)* sind.

Die Sächsische Wespe ist vor allem in bewaldeten Hügellandschaften verbreitet, man kann von ihr sagen, daß sie fast ein Haustier geworden ist: Von allen unseren Wespenarten nistet gerade sie in unmittelbarer Nähe des Menschen, ja direkt in seinen Behausungen. In freier Natur kommt sie ebenfalls zahlreich vor, sofern sie für den Nestbau geeignete Bedingungen antrifft. Sie liebt Licht oder Halbdunkel, daher legt sie keine reinen unterirdischen Nester an. Bei der Wahl des Nistplatzes sucht die Königin eine Stelle aus, an der das künftige Nest vor Regen, Wind und Sonnenglut geschützt ist. Die Wahl fällt nicht immer glücklich aus, vor allem dann nicht, wenn sich das Nest zu frei vor den Augen des Menschen befindet. Mit Vorliebe werden Nester an Holzdekken oder am Gebälk von Waldhütten, Forsthäusern oder Wildfutterkrippen (**1**) angelegt, auf den Dachböden von Dorfhäusern, in Spritzenhäusern, Schuppen oder sogar in einem hinreichend großen Nistkasten. Manchmal findet sich ein Nest auch in Meterholz oder in einer Baumkrone, wo es dann an der Unterseite eines stärkeren Astes hängt.

Findet die Königin kein geeignetes Gebäude, gründet sie ihr Nest z. B. im Wald unter einem Grasbüschel (**2**), wo es teilweise zu sehen ist. Ich habe einmal ein großes Wespennest in einer alten Eternitröhre beobachten können, obwohl eine Reihe anderer Nistmöglichkeiten vorhanden waren, z. B. auf dem Dachboden oder in der Scheune. Das Nest ist im Grunde grau gefärbt, die Wespen kleben es aus alter Holzmasse zusammen. Später verwenden sie beim Bau auch die weißen Käppchen, mit denen die herangewachsenen Larven in den Zellen eingedeckelt werden. Dann sind in der überwiegenden Graufärbung weißliche Streifchen zu sehen. Ein völlig ausgebautes Nest ist etwa kindskopfgroß, hat die Form einer Erdbeere oder einer umgedrehten Birne und ist mit der breiteren Seite an der Unterlage verankert. Die Ausflugöffnung, die gleichzeitig auch zum Einflug dient, liegt an der Nestunterseite (**3**). In ihrer Umgebung muß genügend freier Raum vorhanden sein, da die Wespen gewöhnlich in voller Geschwindigkeit ins Nest geflogen kommen. Bild **3** ganz rechts zeigt gegenseitiges Füttern zweier Wespen (Trophalaxis). Sehr häufig kommt es vor, daß an den Dachbalken von Dorfhäusern oder neu gebauten Wildfutterkrippen unweit voneinander mehrere kleinere Nester hängen, in denen das Leben vorzeitig zum Erliegen gekommen ist. Ihre Erbauerinnen, die Königinnen, sind entweder durch Witterungsunbilden ums Leben gekommen oder einem Räuber zum Opfer gefallen. In diesen kleinen Nestern befinden sich nur einige wenige Zellen. Länge: ☿ 11–14 mm, ♀ 15–18 mm, ♂ 13–15 mm.

1

2

3

4

## Familie Vespidae, Soziale Faltenwespen

1 **Dolichovespula saxonica** (F.), Sächsische Wespe. – Das Nest der Sächsischen Wespe besteht aus 4–5 Waben, deren Durchmesser bei rund 20 cm liegt (siehe Abbildung). Die Wabenränder sind leicht aufwärts gebogen, die Deckel auf den Zellen mit den verpuppten Larven sind stark gewölbt. Die durchschnittliche Zellenzahl in einem Nest liegt bei rund 1300 (maximal knapp über 2000). Die Zellen sind relativ groß, ihre Höhe beträgt ca. 17 mm, der Durchmesser 4,5–9 mm. Die Schutzhülle umschließt das ganze Nest mit Ausnahme des Fluglochs. Sie ist etwa 1–2 mm stark, an der Nestbasis ist sie am mächtigsten und besteht dort aus ca. 15 Schichten. Die Schichtenzahl nimmt auf die Spitze zu ab. An den Seiten sind es meist 4–7, an der Spitze nur 2–5. Die Färbung der Sächsischen Wespe ist recht variabel. Das gilt sowohl für die Zeichnung auf dem Stirnschildchen als auch für die schwarze Gesamtzeichnung auf den Hinterleibssegmenten. Hier geht die schwarze Farbe manchmal zugunsten der gelben zurück. Die Sächsische Wespe gehört zu den Arten mit kurzem Lebenszyklus. Die überwinternden Königinnen fliegen ab Ende Mai, die Arbeiterinnen erscheinen im Laufe des Juli, junge Weibchen und Männchen am häufigsten im August, schon im August stirbt das Nest ab. Wie die anderen Wespenarten ist auch die Sächsische Wespe ein Räuber. Sie jagt alle möglichen Insektenarten und besucht gern blühende Pflanzen, um aus ihnen Nektar zu saugen. Häufig und zahlreich erscheint sie auf blühenden Schneebeeren (Bild **4**, siehe S. 141), wo sie nicht selten mit anderen Wespenarten zusammentrifft, z. B. mit der Roten Wespe *(Vespula rufa)* oder mit verschiedenen Hummelarten. Mit Vorliebe suchen die Wespen Doldengewächse auf. Diese Wespe wird von Witterungsschwankungen und -änderungen nicht sonderlich beeinträchtigt. Auch bei schwächerem Wind oder leichten Regenschauern fliegt sie auf Nahrungs- und Baumaterialsuche.

Die Wespe ist kaum aggressiv, und ihr zufälliger Stich ist nicht besonders schmerzhaft. Sie schadet dem Menschen nicht und wird auch nicht in den Wohnungen lästig. Sie greift den Menschen noch nicht einmal dann an, wenn er sich in unmittelbarer Nähe des Nestes bewegt. Beim Fotografieren hatte ich reichlich Gelegenheit, lange Stunden an den Wespennestern zu verbringen. Dabei zeigten die Wespen eine gewisse Unruhe, bei geringfügiger Reizung kam ein ganzer Schwarm aus dem Nest gestürzt. Die Tiere liefen eine Weile auf der Schutzhülle umher, doch zogen sie sich rasch wieder ins Nest zurück. Das Blitzlicht hat sie beim Fotografieren offensichtlich nur wenig gestört. Die Bedeutung dieser Wespenart für den Menschen ist vorwiegend positiv, denn sie fängt Fliegen und andere lästige Insekten in großen Mengen. Es ist daher unsinnig, ihre Nester zu vernichten, im Gegenteil, man sollte ihnen Gelegenheit zum Nisten verschaffen.

Im Nest der Sächsischen Wespe läßt sich die schmarotzende Wespe *D. adulterina* Buyss. nieder. Diese hat keine Arbeiterinnen, gründet daher kein eigenes Nest und läßt ihre Larven von den Arbeiterinnen der Sächsischen Wespe füttern und aufziehen. Die Sächsische Wespe ist über einen großen Teil Europas verbreitet, doch geht sie nicht so weit in den Norden des Kontinents vor wie die verwandte *Dolichovespula norwegica.* Auf den Britischen Inseln ist sie nicht festgestellt worden.

## Familie Vespidae, Soziale Faltenwespen

1 **Dolichovespula media** Retz. Liebt das Licht, oft baut sie ihr Nest dicht über dem Boden – in einer Hecke, in Ufergebüsch, manchmal auch auf Felsen und höheren Bäumen. Vogelnistkästen und geschlossene Erdhöhlen besiedelt sie nicht. Das Baumaterial nimmt sie am liebsten von lebenden Pappeln. Die Nesthülle ist pergamentartig, gelblichweiß oder hellgrau. Das fertige Nest hat Zitronenform, oft wird noch ein abwärts weisender Fortsatz darangebaut. Die Zahl der Zellen und Nachkommen ist niedrig. Zu den großen Nestern werden in Mitteleuropa schon solche gezählt, die über hundert Zellen haben. Die Arbeiterinnen fliegen ab Ende Mai und zeigen sich noch in der zweiten Oktoberhälfte, die jungen Weibchen erscheinen im ersten Augustdrittel. Die Männchen fliegen in der ersten Augusthälfte, die letzten noch gegen Mitte September. *D. media* ist vor allem eine fleischfressende Art, die hauptsächlich Insekten nachstellt. Sie bewohnt einen Großteil Europas (im Norden bis an den Polarkreis, geht im Süden in die Gebirge). Länge: ☿ 15–19 mm, ♀ 18–22 mm, ♂ 15–19 mm.

2 **Dolichovespula sylvestris** (Scop.), Waldwespe. – Lebt im waldigen Hügelland. In bezug auf die Beleuchtung und Plazierung des Nestes ist sie anspruchslos, doch braucht sie höhere Luftfeuchtigkeit. Am liebsten baut sie ihr Nest dicht über dem Boden. Wird das Nest unterirdisch angelegt, wird zumindest ein Teil der Hülle sichtbar (z. B. im Hohlraum zwischen Baumwurzeln usw.). Das Material zum Nestbau nagt sie an Lattenzäunen oder entrindeten Pappelstämmen ab. Das Nest ist graugelb. Zur Zeit des Untergangs (Ende August) befinden sich darin etwa 250 Weibchen und rund ebenso viele Männchen (**2**). Die überwinternde Königin fliegt im Mai, Arbeiterinnen fliegen ab Ende Mai bis September, junge Weibchen im August und September, Männchen von Mitte August bis Anfang September. Die Wespen erscheinen häufig auf Blüten, sie belästigen den Menschen nicht und fliegen auch nicht in Häuser.
*D. sylvestris* ist eher wärmeliebend, bewohnt Europa (nach Norden etwa bis zum 64. Breitengrad) sowie Nordafrika. Länge: ☿ 13–15 mm, ♀ 15–19 mm, ♂ 14–16 mm.

3 **Dolichovespula norwegica** (F.) Lebt in Wäldern. Die Königin gründet ihr Nest dort, wo sie überwintert hat, oder in der nahen Umgebung. An den Nistraum stellt sie bescheidene Ansprüche, doch braucht sie höhere Luftfeuchtigkeit und mag keine Dunkelheit. Das Nest sitzt meist in dichtem Gebüsch, manchmal auf einem Baum, nur selten in einem Gebäude oder auf dem Boden (dann wird wenigstens ein Teil der Hülle sichtbar). Baumaterial entnimmt sie hauptsächlich gesundem Holz, das sie mit den Kiefern von den entrindeten Teilen lebender Bäume, frischen Zaunlatten usw. schabt. In die Schutzhülle arbeitet sie auch Zweige und Blätter von Sträuchern ein. Auf der Nestoberfläche sitzen Wächterinnen, die bei Gefahr Alarm auslösen. Ein Nest hat rund 1500 Zellen, manchmal auch mehr. Die überwinternde Königin fliegt ab dem ersten Maidrittel, die Arbeiterinnen fliegen im Juli und August, die Männchen in der zweiten Julihälfte und Anfang August. Dann stirbt das Nest bereits ab. *D. norwegica* jagt Insekten und fliegt auch auf Blüten, auf denen sie Nektar saugt. Sie leckt auch den Honigtau der Fichtenquirlschildlaus (Gattung *Physokermes*).
Häufige Art, bewohnt einen Großteil Europas und die gemäßigte Zone Asiens.
Länge: ☿ 11–14 mm, ♀ 15–18 mm, ♂ 13–15 mm.

1

2

3 ☿

## Familie Vespidae, Soziale Faltenwespen

Feldwespen haben zwar viele gemeinsame Merkmale mit den Wespen, doch bestehen zwischen beiden Gruppen recht beträchtliche Unterschiede in Körperbau und Nestanlage. Genau wie die Wespen zeichnen sich auch die Feldwespen durch typische „Wespenfärbung" aus. Die Feldwespenweibchen haben sechs von oben sichtbare Hinterleibssegmente (Tergiten), die Männchen sieben. Genau wie bei den Wespenweibchen und -arbeiterinnen sind auch bei den Feldwespen die Fühler 12gliedrig, bei den Männchen 13gliedrig. Männchen haben bei keiner der beiden Gruppen Stacheln, Weibchen und Arbeiterinnen sind stachelbewehrt, nur ist der Stachel der Feldwespen schwach und durchdringt kaum die Haut des Menschen. Die Unterschiede zwischen den beiden Gruppen bestehen vor allem in der Hinterleibsform, der Gestaltung des Hinterflügels und in der Nestform. Während der Wespenhinterleib vorne breit und gerade gekappt ist, verjüngt er sich bei den Feldwespen nach vorn und nach hinten. Im Gegensatz zu den Wespen haben Feldwespen an der Hinterflügelbasis einen sehr feinen, winzigen Lappen. Auch die Feldwespen leben sozial wie Wespen, doch unterscheidet sich ihr Nesttyp beträchtlich in Größe und Anordnung.

1, 3, 4 **Polistes nimpha** (Christ.), Feldwespe. – Fliegt vom Frühjahr bis in den Herbst. Die in einem Versteck überwinternde Königin gründet im Frühjahr selbst das künftige Nest (**1**). Es ist hellgrau und spröde, aus Teilchen zusammengeklebt, die die Feldwespen von der Zweigrinde verschiedener Sträucher abschaben. Es besteht aus einer einzigen Wabe, in der nur mehrere Dutzend Zellen sitzen; alle sind gleich lang und in der Wabe parallel angeordnet. Die Zellenhöhe entspricht etwa der Körperlänge der Feldwespe. Das Nest hat keine Schutzhülle. Die Wabe ist durch einen kräftigeren kurzen Stiel, die einzige Stütze des Nestes, beispielsweise an einem Stein, an einem lebenden oder abgestorbenen Strauchast bzw. an Mauerputz befestigt. Stiel und Wabenoberfläche werden mit Schleimdrüsensekret imprägniert; dadurch werden sie nicht nur geschützt, sondern gleichzeitig auch gefestigt. Das Nest sitzt normalerweise 10–20 cm über dem Boden, denn die Feldwespen lieben Feuchtigkeit. Je weiter nach Süden, desto verborgener sitzt das Nest. Oft wird es im Hausinneren oder unter einem Dach gebaut, wo es vor der direkten Sonnenstrahlung geschützt ist.

Feldwespen sind in erster Linie Räuber. Sie jagen Insekten, die sie zerkauen, um mit dem Brei die Larven zu füttern. Die Imago sucht auch häufig Blüten auf, in denen sie Nektar (**4**) saugt. Im Herbst locken sie auch überreife, faulende Früchte. Viele Jahre konnte ich regelmäßig Feldwespen auf Erdbeerbeeten im Garten beobachten. Sie kamen frühmorgens angeflogen und tranken auf den Blättern Tau. Dann ließen sie sich auf einer Schuppenwand oder einem Holzklotz nieder und wärmten sich in der Sonne, die Flügel am Körper (**3**) längs zusammengelegt.

Weibchen und Arbeiterinnen dieser Feldwespe lassen sich einfach von der verwandten und sehr ähnlichen Art *Polistes gallicus* (**2**) an der Färbung der Unterseite vom letzten Hinterleibssegment unterscheiden: Sie ist schwarz, bei *P. gallicus* hingegen gelb. *P. nimpha* ist in Mittel- und Südeuropa häufig, im Südteil Nordeuropas lokal sehr häufig. Sie fehlt in Großbritannien, im Norden Fennoskandiens, in Dänemark und Holland.

Länge: ☿ 14 mm, ♀ 16 mm, ♂ 12–15 mm.

1

2

3

4

## Wespenuntermieter und Wespenfeinde

Wespennester ziehen eine Reihe von Insektenarten an, die zu ihren Wirten unterschiedliche Beziehungen haben. Einige schaden den Wespen nicht, leben von ihren Nahrungsüberresten und nutzen nur den Unterschlupf aus, andere entwickeln sich auf Kosten der Wespennachkommen. In Wespennestern entwickeln sich am häufigsten Käfer, Zweiflügler und Hautflügler.

## Ordnung Coleoptera, Käfer
### Familie Staphylinidae, Kurzflügelkäfer

1 **Velleius dilatatus** (F.), Hornissenkäfer. – Entwickelt sich hauptsächlich im Mulm unter Hornissennestern. Käfer und Larve jagen verschiedene Zweiflüglerinsekten, die sich im Mulm und Abfall direkt unter dem Hornissennest befinden. Hier legt der Kurzflügelkäfer auch seine Eier. Die Larven legen sich ein Röhrchen an. Nach Untergang des Hornissenstaates ziehen sie sich zur Überwinterung zurück, der Käfer schlüpft im folgenden Sommer. Länge: 15–24 mm.

### Familie Rhipiphoridae, Fächerkäfer

2 **Metoecus paradoxus** (L.), Wespenfächerkäfer. – Bekannt für Sexualdimorphismus und -dichroismus. Der Käfer entwickelt sich in den Nestern mehrerer Wespenarten, vor allem bei der Gemeinen Wespe. Frisch geschlüpfte Käfer halten sich in Nestnähe auf. Das Weibchen legt seine Eier in morschendes Holz, das als Baumaterial für das Wespennest dient. Nach einiger Zeit schlüpfen winzige, nur 0,5 mm lange Larven mit Saugknöpfen an den Beinen. Setzt sich eine Wespe auf das Holz, hält sich die Larve an ihr fest und läßt sich ins Wespennest tragen, ansonsten geht sie ein. Die Larve durchläuft im Wespennest eine sehr komplizierte Entwicklung. Länge: 8–12 mm.

## Ordnung Diptera, Zweiflügler
### Familie Syrphidae, Schwebfliegen

3 **Volucella zonaria** (Poda). Lebt auf Blüten, ihre Larven entwickeln sich in Wespennestern *(V. vulgaris, V. germanica, V. rufa)* und bei Hornissen. Das Weibchen fliegt ins Nest und legt auf seine Papiermachéhülle längliche, seitlich verbreiterte Eier. Die geschlüpften Larven ernähren sich von Wespenleichen und Pflanzenresten. Die Larve ist etwa 20 mm lang, gelbweiß und mit zahlreichen Warzen besetzt, an denen Erdteilchen festkleben und so die ursprüngliche Färbung verdecken. Die ausgewachsene Larve verpuppt sich im Erdreich, die Imago schlüpft im zeitigen Frühjahr des folgenden Jahres. Länge: 20 mm.

## Ordnung Hymenoptera, Hautflügler
### Familie Ichneumonidae, Schlupfwespen

4 **Sphecophaga vesparum** Curt. Die Larve lebt in ober- und unterirdischen Nestern verschiedener Wespenarten, die das Schlupfwespenweibchen zur Zeit der Eiablage anfliegt. Die Schlupfwespenlarve ernährt sich vom Körperinhalt der Wespenlarve und verpuppt sich schließlich in der Zelle. Befallene Zellen (**4**) sind gut an ihrer rötlich-rosa Farbe kenntlich. Die Zelle hat unterhalb des Oberrandes ein Deckelchen mit transparenter Mitte. Ist die Schlupfwespe bereits ausgeschlüpft, befindet sich in der Zelldeckelmitte eine kreisförmige Öffnung. Länge: 8–9 mm.

1

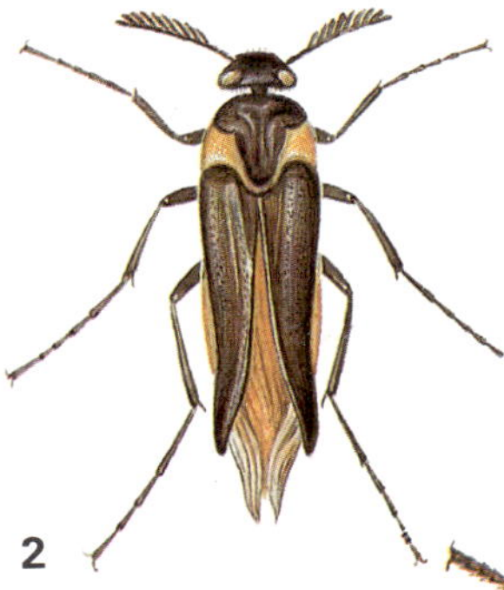

2

3

4

## Familie Sphecidae, Grabwespen

1, 2 **Ammophila sabulosa** (L.). Wärmeliebend, ihr Standort befindet sich normalerweise an einer sandigen Stelle. Die Grabwespen sitzen vom Sommer bis in den Spätherbst in den verschiedensten Blüten und saugen Nektar (**1**). Das Weibchen (**2**) hat an den Vorderfüßen eine Bürste aus starken, dichten Borsten, die ihr die Grabtätigkeit ermöglicht. Es sucht eine geeignete Stelle aus, gräbt ein Nest und tarnt den Nesteingang. Dann geht das Weibchen auf Raupenjagd, denn die künftige Larve ist ein Fleischfresser und muß mit genügend Futter versorgt werden. Gelingt es, eine glatte Raupe zu erbeuten (meist eine Nachtfalterraupe), wird sie mit ein paar Stichen in den Bauch paralysiert. So bleibt sie zwar am Leben, kann sich aber nicht aktiv bewegen. Die Grabwespe packt sie mit den Kiefern, umschlingt sie mit den Vorderbeinen und schleppt sie zum Nest, das oft viele Meter entfernt liegt. Die Grabwespe findet immer den direkten Weg (sie orientiert sich durch den Gesichtssinn). Am Ziel angelangt, legt sie die Raupe unweit des Nesteinganges ab und richtet das Nest manchmal noch eine Weile her. Dann kriecht sie hinein und zieht die Raupe unter die Erdoberfläche. Schließlich klebt sie auf deren Körperoberfläche ein Ei, verschüttet das ganze Nest und richtet die Oberfläche so her, daß sie sich von der Umgebung nicht unterscheiden läßt.
Die Entwicklung geht schnell. Binnen weniger Tage schlüpft die Larve, die sich von der paralysierten Raupe ernährt. Nach etwa 10 Tagen ist sie ausgewachsen und spinnt sich ein, um sich nach einer gewissen Zeit zu verpuppen.
*A. sabulosa* ist über die ganze paläarktische Region verbreitet.
Länge: ♂ 16–23 mm, ♀ 20–28 mm.

3, 4 **Podalonia hirsuta** (Scop.). Oft als *P. viatica* bezeichnet. Fliegt von Ende April bis Oktober. Sie ähnelt der häufigeren *P. affinis,* von der sie sich im Gelände nur am lang behaarten Hinterleibsstielchen unterscheiden läßt. Sie lebt an warmen Orten und hebt wie andere Grabwespen in trockenem Sandboden ein Nest aus. Als Nahrung der künftigen Larven dienen vor allem Nachtfalterraupen, die das Weibchen jagt, mit dem Stachel paralysiert und in die Nistzelle schleppt. Auf die Raupe wird das Ei geklebt. Die Imago dieser Grabwespe wird ziemlich häufig von Fransenflüglern (Ordnung Strepsiptera) der Gattung *Xenos* parasitiert. Der Fransenflügler sitzt zwischen den Hinterleibssegmenten der Grabwespe, ein Teil seines Körpers ragt wie eine Schuppe hervor. Ein Exemplar mit Fransenflüglern im Leib wird als stylopisiert bezeichnet. An günstigen Orten ist diese Grabwespe auch heute noch stellenweise häufig. Sie verschwindet aber ähnlich wie viele andere Arten, die in ihrer Lebensweise an warme Brachstellen gebunden sind. Sie bewohnt einen Großteil der paläarktischen Region.
Länge: ♂ 14–19 mm, ♀ 16–23 mm.

5, 6 **Crabro quadricinctus** F. Ähnelt zwar auch anderen Arten, läßt sich von ihnen aber vor allem an der feinen Oberflächenriefung der Brust unterscheiden. Sie nistet in altem Holz. Das Weibchen (**6**) fängt Fliegen, mit denen es die künftige Nachkommenschaft versorgt. Die Imago (**5**) sitzt mit Vorliebe auf Doldengewächsen.
Verbreitung: ganz Europa. Länge: ♂ 9–13,5 mm, ♀ 12–17 mm.

1 ♂

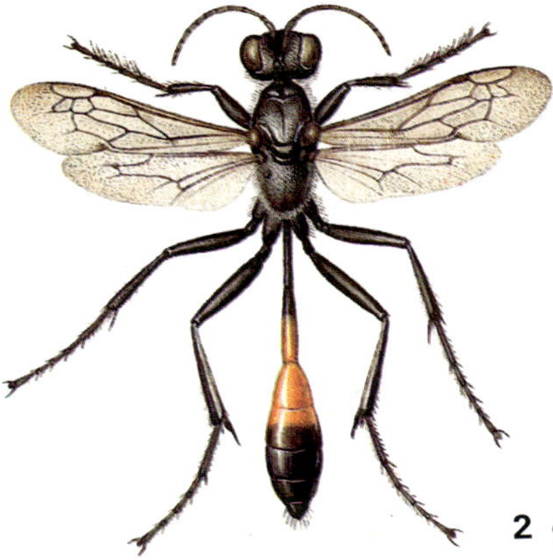
2 ♀

3

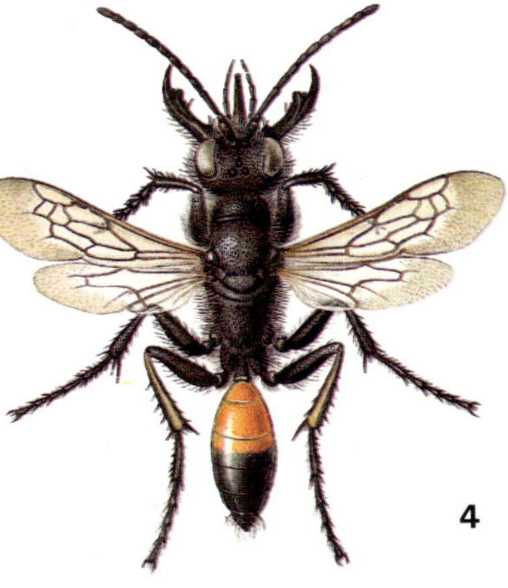
4

5

6 ♀

## Familie Sphecidae, Grabwespen

1–2 **Philanthus triangulum** (F.), Bienenwolf. – Ähnelt mehreren anderen Arten und könnte wohl am ehesten mit *Bembix rostrata* verwechselt werden. Sein Kopf ist aber breiter als die Brust (Körper in Draufsicht keulenförmig), die Fühler sind kurz, in der Mitte verbreitert, der Stirnschild ist weiß, und die Augen sind schwarz. Bei *B. rostrata* sind sowohl Augen als auch Stirnschild grüngelb. Die Imago lebt von Juni bis September, das Männchen sitzt auf Blüten, das räuberische Weibchen jagt Honigbienen. Es paralysiert die gefangene Biene, umschlingt sie, wobei es sie mit dem Mittelbeinpaar zusammenpreßt und dann die Honigmasse leckt, die aus dem Mundapparat der Biene fließt. Für die Nachkommenschaft gräbt das Weibchen meist an warmen, sandigen Stellen mit wenig Vegetation ein Nest aus. Bei dieser Arbeit helfen die starken Kiefer und die festen, starken Dorne an den Vorderfüßen, mit denen der Sand nach hinten geworfen wird. Das Nest (**2**) besteht aus einem unterschiedlich langen Hauptgang, von dem Seitengänge abzweigen; diese enden jeweils in einer Zelle. Meist hat das Nest 5–7 Zellen. In jede bringt das Weibchen 2–3 paralysierte Bienen, auf eine Biene wird ein Ei gelegt. Die Larve schlüpft nach 3 Tagen und ernährt sich vom Körperinhalt der gelähmten Biene. Die ausgewachsene Larve überwintert in der Zelle eingesponnen in einem eigenartigen, flaschenförmigen Kokon und verpuppt sich erst im späten Frühjahr. Die Imago schlüpft im Juni. Die Art bewohnt die paläarktische Region.
Länge: ♂ 8–10 mm, ♀ 13–17 mm.

3 **Bembix rostrata** (L.), Kreiselwespe. – Kommt im Hochsommer vor und ist ein ausgezeichneter Flieger. Das Weibchen jagt auf Blüten große Fliegen. Das Nest wird nur in geringer Tiefe (ca. 15 cm) im feinen Sand mit waagrechter Oberfläche oder in leicht geneigtem Gelände gegraben. Als Larvenfutter werden Fliegen gejagt, die den sich entwickelnden Larven je nach Bedarf dauernd gereicht werden. Ein Weibchen kann etwa 6 Larven aufziehen. Auch diese Art wird immer seltener, da ihre Standorte verschwinden.
Sie bewohnt fast die ganze paläarktische Region.
Länge: 15–22 mm, Vorderflügelspannweite 32 mm.

4, 5 **Cerceris arenaria** (L.), Sandknotenwespe. – Gehört zu den bekanntesten Arten der Gattung in Mitteleuropa. Von den übrigen Grabwespen (und Wespen überhaupt) unterscheiden sich diese Arten durch die eingeschnürten Hinterleibssegmente (**5**). Die Imago fliegt von Mai bis September und ist eher langsam. Gern sitzt sie auf verschiedenen Blüten (**4**), sie ist eine wärmeliebende Art, deren Weibchen Nester im Sandboden aushebt, oft in der Nähe junger Kiefernwaldungen. Hier jagt es Rüsselkäfer, die es paralysiert und in die Nester bringt. Um nicht selbst ein Nest graben zu müssen, versucht das Weibchen gelegentlich, ein von einer anderen Grabwespe vorbereitetes Nest zu besetzen.
Verbreitung: Europa und Nordostafrika. Länge: ♂ 8–12 mm, ♀ 11–15 mm.

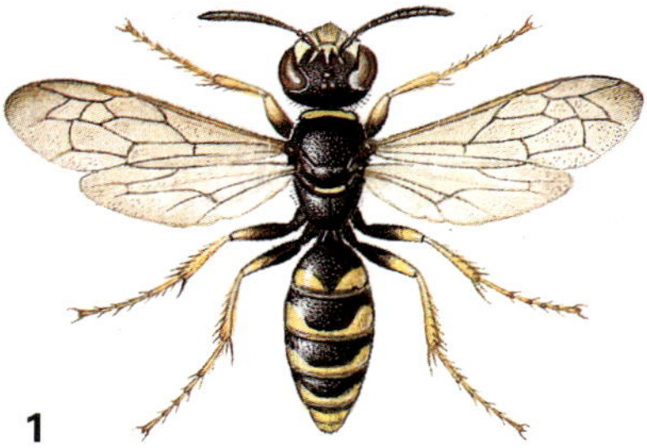

1

2

3

4

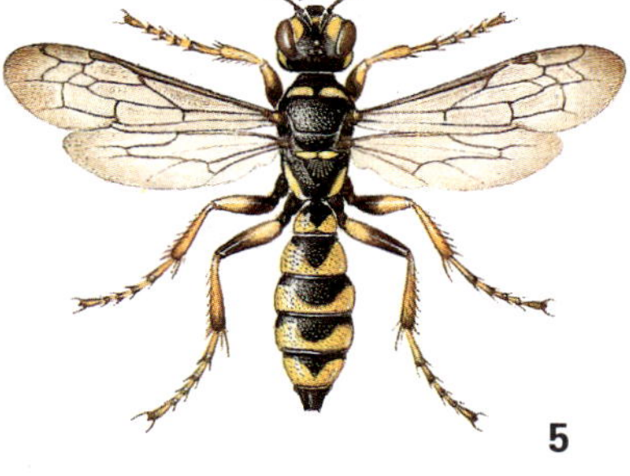

5

## Familie Sphecidae, Grabwespen

1, 2 **Mellinus arvensis** (L.). Zählt immer noch zu den häufigsten Grabwespenarten in Europa. Die Imago (**1, 2**) fliegt von Ende Juni bis Ende Oktober, manchmal auch noch in den ersten schönen Novembertagen. An manchen Stellen ist sie im Herbst häufiger als in den Sommermonaten. Diese Grabwespe fliegt auch gerne menschliche Exkremente an. Sie läßt sich darauf nieder, reinigt sich hier und jagt verschiedene Zweiflüglerarten. Das Weibchen gräbt ein Nest bis zu 75 cm Tiefe aus, eine bewundernswerte Leistung, die nicht mehr als einen Tag in Anspruch nimmt. Die Schlupföffnung ins Nest ist 6–7 mm breit. Das Nest wird ausschließlich mit verschiedenen Zweiflüglerarten versorgt, die durch einen Stich gelähmt wurden. In jedes Nest kommen über 10 Exemplare, die als Nahrungsvorrat für die Larve ausreichen. Auf eines der paralysierten Tiere wird das Ei leicht angeklebt. Die Entwicklung verläuft genauso schnell wie bei anderen Grabwespenarten, was übrigens durch die Beschaffenheit des Nahrungsvorrats bedingt ist. Die Larve wächst in etwa 9–11 Tagen heran und spinnt sich in einen Kokon ein. Diese Grabwespe ist über fast ganz Europa verbreitet.

Länge: ♂ 7–11 mm, ♀ 11–14 mm.

3 **Trypoxylon figulus** (L.), Holzbohrwespe. – Gehört zu den häufigen Grabwespenarten und fliegt von Ende April bis August. Diese Grabwespenart nistet an verschiedenen Standorten, wo bereits Niströhren ausgehoben sind bzw. ausgehoben werden können. Sie sucht die Gänge von einigen Insektenarten auf, z. B. von Erdbienen in Sandböschungen oder die Larvengänge verschiedener Käfer oder Hautflügler im alten Holz. Selbst nagt sie ihre Röhre am liebsten in Brombeerstengeln. Dazu ist sie mit ihrem schlanken, gestreckten Körper und den relativ kurzen Beinen gut angepaßt. Geeigneten Nistraum liefern auch hohle Schilfhalme auf Rieddächern. Den übernommenen bzw. angelegten Gang teilt das Weibchen durch Querwände in Einzelkämmerchen. Jedes Kämmerchen wird dann mit einer größeren Anzahl Spinnen versorgt, die gleich nach dem Fang durch einen Stich gelähmt werden. In einem Kämmerchen können einige wenige Spinnen liegen, doch wurden auch schon über 40 gefunden. Das hängt vor allem von ihrer Größe ab, denn die Holzbohrwespe ist auf keine bestimmte Spinnenart spezialisiert. In die Kammer kommt ein Ei. Die bald schlüpfende Larve findet rings um sich herum mehr als genug Nahrung.

Es passiert durchaus, daß ein Holzbohrwespennest vom Weibchen einer Goldwespe oder Schlupfwespe ausfindig gemacht wird, das dann sein Ei hineinlegt. Dann schlüpft anstelle des ursprünglichen Bewohners – der Grabwespenart – ein Parasit, dem die Grabwespenlarve als Nahrung dienen mußte.

Diese Grabwespe kommt fast überall in der paläarktischen Region vor.

Länge: ♂ 5–10 mm, ♀ 6–12 mm.

1

2

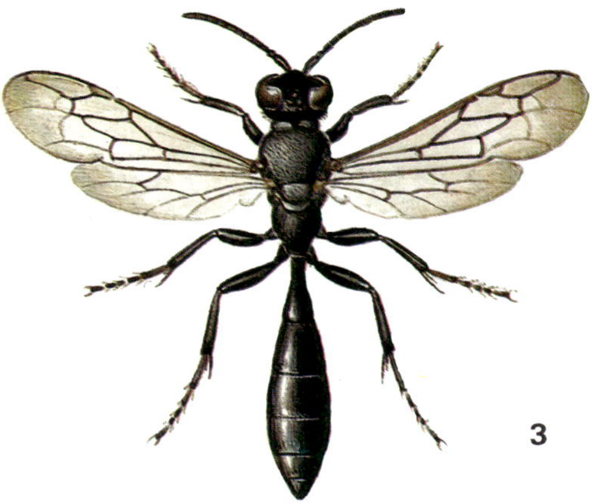

3

## Familie Colletidae

1 **Colletes daviesanus** Sm., Seidenbiene. – Ein Vertreter der primitiven Solitärbienen mit nur kurzer Zunge. Häufigste aller mitteleuropäischen Arten (auf dem Gebiet Europas leben mehrere Dutzend). Im Hochsommer erscheint sie vorwiegend auf erblühter Schafgarbe und auf Rainfarn. Sie nistet gesellschaftsweise in Lehmwänden. Das Weibchen hebt einen etwa 10–15 cm langen, horizontal geführten Einschlupfgang aus. Der Nistgang wird mit einer seidigen Faser ausgekleidet. Die einzelnen Zellen sind röhrenförmig hintereinander so angelegt, daß die Decke jeder Zelle gleichzeitig Boden der folgenden ist. Die künftige Larve wird in jeder Zelle mit einem ausreichenden Pollenvorrat versehen. Im Laufe des Jahres entsteht eine einzige Generation. Die Larven überwintern in den Zellen.
*C. daviesanus* lebt in Europa und in Sibirien. Länge: 8–11 mm.

## Familie Andrenidae, Sand- oder Erdbienen

2 **Andrena flavipes** Panz., Sandbiene. – Eine der häufigsten Arten dieser großen Gattung, die allein in Mitteleuropa fast 200 Arten aufweist. Die Imago ist gelbbraun behaart (auch an den Rändern der Hinterleibssegmente). Im Laufe des Jahres entstehen zwei Generationen. Die Bienen der ersten Generation gehören zu den allerersten Blütenbestäubern im zeitigen Frühjahr, denn sie fliegen schon von Ende März bis Mai. Die Imago der zweiten Generation erscheint im Juli/August häufig auf erblühten Doldengewächsen. Die Sandbiene ist eine sehr häufige und nützliche Art, ein wichtiger Bestäuber von Obstbäumen und verschiedenen anderen Kulturpflanzen. Wie alle anderen Sandbienenarten nistet sie in der Erde, das Weibchen legt in Lehm- und Sandböden unterschiedliche starke Kolonien an.
Lebt in fast ganz Europa, Kleinasien, Mittelasien, Nordafrika. Länge: 11–13 mm.

3 **Panurgus calcaratus** Scop., Trugbiene. – Sehr häufige und im Gegensatz zu vielen anderen Solitärbienen relativ leicht zu bestimmende Art. Ihre Weibchen haben schwarze, mit gelbbraunen Sammelhaaren bewachsene Schienbeine, die Männchen haben an den Hinterschenkeln einen stumpfen Fortsatz. Die Weibchen der verwandten, größeren (10–12 mm) und eher im Bergvorland erscheinenden *P. banksianus* haben rotbraune Schienen und rostfarbene Sammelhaare; bei ihren Männchen fehlen die stumpfen Hinterschenkelfortsätze. Die Imago kommt hauptsächlich im Juli/August vor und erscheint in großer Zahl in den gelben Blütenständen von Korbblütlern. Dort liegt sie in Seitenlage und kriecht auch so zwischen den Einzelblüten umher, daher ist ihr Körper immer dicht mit Pollenstaub bedeckt. Sie nistet oft gemeinschaftlich an Wegen im Erdreich.
*P. calcaratus* kommt in ganz Europa vor. Länge: 8–9 mm.

4, 5 **Andrena armata** Gmel. Sehr auffällig gefärbt, erscheint zeitig im Frühjahr von Mitte April bis Mitte Mai. Wichtiger Bestäuber von Obstbäumen, vor allem von Kirschen und Äpfeln an Orten, an denen nicht genügend Honigbienen vorhanden sind. In gewissem Maße ist sie eine Großstadtbiene. Sie fliegt in der Umgebung von großen Parks und Gärten mit Pflanzen, aus deren Blüten sie gerne Nektar (**3**) saugt. Sie nistet in der Erde, die Einfluglöcher zu den Nestern befinden sich oft auf lehmigen Parkwegen. Kommt in Mittel- und Nordwesteuropa sowie auf dem Balkan vor. Länge: 12 mm.

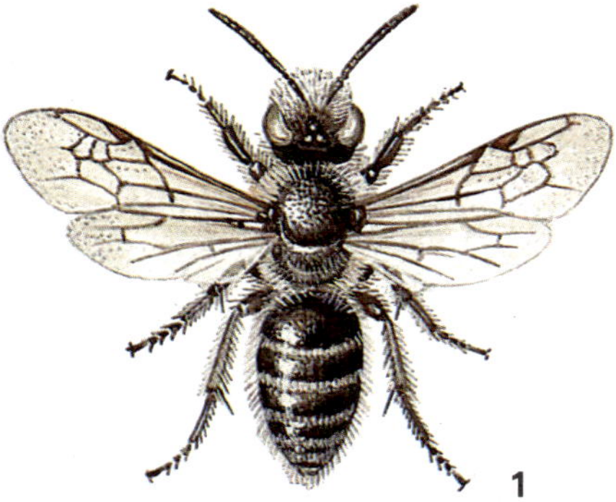

1

2

3

4

5

## Familie Halictidae, Schmalbienen

**1, 2 Halictus quadricinctus** (F.), Viergürtelige Schmalbiene. – Größte mitteleuropäische Art der Gattung. Auf ihrem Hinterleib sitzen vier manchmal in der Mitte unterbrochene Querbänder aus weißen Härchen. Das Nest dieser Solitärbiene übersteht wie bei fast allen verwandten Arten nur eine einzige Saison. Eine Ausnahme bildet *H. malachurus,* bei der es 5–6 Jahre überdauert. Die Schmalbienenimago, Männchen und Weibchen, fliegt im August und September und läßt sich gern auf den Blüten der Wiesen-Flokkenblume nieder. Die Männchen (**1**) sterben im Herbst, den Winter überleben nur befruchtete Weibchen (**2**). Die Nestgründerin und -erbauerin hält sich im Frühjahr auf den Blüten von Habichtskraut und Witwenblume auf. Vor Baubeginn untersucht sie zunächst das Gelände, in dem nicht nur genügend Baumaterial, sondern auch günstige Bedingungen vorhanden sein müssen. Zunächst hebt sie den Gang aus. Bei der Arbeit feuchtet sie den Lehm mit Drüsensekreten an. Mit dem feuchten Material läßt sich besser arbeiten, und ihr Werk – Gang und Zellen – gewinnt an Festigkeit und Dauerhaftigkeit. An den Nistgang sind in einem bestimmten Abschnitt aus Lehm geklebte Zellen angefügt. Sie sitzen unmittelbar nebeneinander und bilden eine traubenförmige Grabwabe. Das Schlupfloch zum Nest ist nur so breit, daß die Biene hindurchkriechen kann, dann erweitert sich der Gang ein wenig. Bemerkenswert an diesem Nest ist nicht nur die Anordnung der Zellen zu einer traubenförmigen Lehmwabe, sondern seine architektonische Gestaltung überhaupt. Bis auf kleine Träger, mit denen die Wabe an den nächsten Wänden verankert ist, wurde aus der Umgebung der Zellen das Erdreich entfernt. Dadurch entstand ringsherum eine Luftschicht, die sehr gut isoliert und das Nest vor Schimmel schützt. In die Zellen bringt das Weibchen Pollen – Nahrung für die Larven – und legt dann Eier. Da die Zellen zum Gang hin offen sind, sind sie gut zugänglich. Die Biene hält sie sauber, pflegt die Larven und bringt ihnen Nahrung. Schließlich wartet sie ihre Verpuppung ab und mit Sommerausgang auch das Schlüpfen der jungen Bienen. Ziemlich häufig kommt es vor, daß diese Art gesellschaftsweise in enger Nachbarschaft mit weiteren Solitärbienen nistet.
Kommt in fast ganz Europa vor. Länge: 15–16 mm.

**3 Halictus albipes** F. Zeichnet sich durch beträchtliche Unterschiede der beiden Geschlechter aus. Neben dem Männchen (**3**) sieht das Weibchen wie eine ganz andere Art aus. Von Frühjahr bis Herbst in Blüten, häufig und zahlreich in den Löwenzahnblüten der Gärten.
Verbreitung: Über einen großen Teil der paläarktischen Region.
Länge: ♂ 7–8,5 mm, ♀ 8,5–9 mm.

**4 Sphecodes monilicornis** K., Kuckucksbiene. – Eine von einer ganzen Reihe ähnlicher Arten, deren Lebenslauf bisher noch nicht hinreichend erforscht ist. Meist schwarz gefärbte Tiere mit rotem Hinterleib. Bei den Weibchen fehlen die Sammelhaare an den Beinen.
Das Weibchen legt kein eigenes Nest an, sondern ergreift von einem schon erbauten Nest einer Solitärbiene Besitz (z. B. *Halictus malachurus, H. zonulus* u. a.). Es dringt ein und tötet nach und nach die im Nest anwesenden Bienen. Anschließend vernichtet es auch die heimkehrenden Bienen. Dann werden Eier in die von *Halictus* gebauten Zellen gelegt. Im Gegensatz zum Wirt, der seine Zellen offen läßt, mauert sie deren Verbindung mit dem Gang zu. Wenn sie später das Nest verläßt, verschließt sie auch die Eintrittsöffnung.
*S. monilicornis* lebt in Europa. Länge: 7–10 mm.

1 ♂

2 ♀

3 ♂

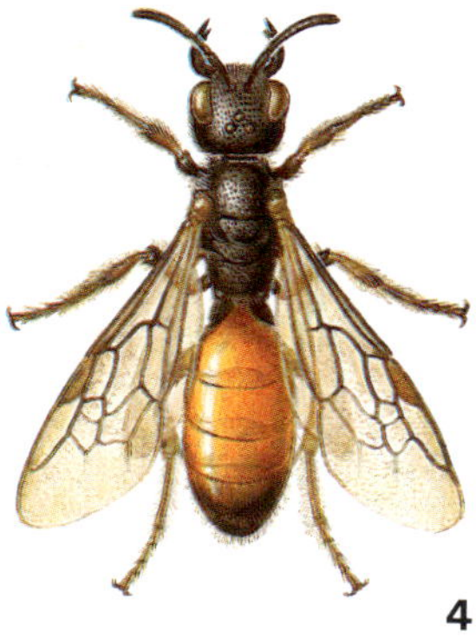

4

## Familie Melittidae

1 **Melitta leporina** (PANZ.), Sägehornbiene. – In den Sommermonaten (Juli, August) zahlreich, gehört zu den wichtigen Luzerne- und Kleebestäubern. Sie sitzt auch auf Honigklee. Das Nest, ein senkrechter Gang, an den horizontale Zellen anschließen, wird im Erdreich angelegt. Das Zellinnere ist mit einer Membrane ausgekleidet und wird mit Pollenvorräten für die Larve gefüllt. Nach der Eiablage verschließt das Weibchen die Zelle mit einem Lehmdeckel.
Besiedelt einen großen Teil Europas. Länge: 11–13 mm.

2 **Dasypoda hirtipes** (F.), Hosenbiene. – Auch unter dem Namen *D. plumipes* bekannt. Das Weibchen hat an den Hinterbeinen viele lange Haare, die sowohl zum Pollensammeln als auch zur Beseitigung des Sandes aus dem Nest dienen. Die Imago erscheint zahlreich im Hochsommer auf blühenden Habichtskräutern, Wegwarten sowie weiteren Pflanzenarten.
Ihr Nest legt die Hosenbiene in sandigen Hängen an; sie hebt einen unterirdischen Gang aus, der 60 cm lang sein kann. Den gelösten Sand trägt sie aus dem Nest (dabei bewegt sie sich rückwärts durch den Gang und benutzt dazu das mittlere Beinpaar), wirft ihn mit schnellen Bewegungen der Vorderbeine nach hinten und fegt ihn mit den behaarten Hinterbeinen wie mit einem Besen nach beiden Seiten auseinander. Schließlich bleibt im Sand eine Spur zurück, eine Rinne, zu deren Seiten Sand aufgehäuft ist. An den unterirdischen Gang schließen etwa fünf bis sechs horizontal verlaufende Gänge an, die in einer Brutkammer enden. Die Hosenbiene trägt in jede Kammer etwa 300 mg Pollen, was etwa sieben Blütenbesuche bedeutet. Aus dem Pollen formt sie eine Vorratskugel, die auf drei Stützen aus Sand gelegt wird. So kommt auch unter die Kugel Luft, die ein Verschimmeln der Vorräte verhindert. Auf die Pollenkugel wird ein Ei gelegt. Den Kammereingang und schließlich den ganzen Gang verstopft das Weibchen mit Sand. Die Larven überwintern in den Kammern, sie verpuppen sich erst im folgenden Jahr. Im Laufe des Jahres entwickelt sich nur eine einzige Generation. Die Hosenbiene nistet an günstigen Orten häufig gesellschaftsweise.
Verbreitung: Großteil der paläarktischen Region. Länge: 12–15 mm.

## Familie Megachilidae

3 **Megachile maritima** KIRBY, Blattschneiderbiene. – Fliegt im Juli und August Disteln und Flockenblumen an. Das Nest für die Larvenentwicklung wird im Sand unter Steinen angelegt. Die Brutkammer wird mit Fliederblätterteilchen ausgekleidet, die das Weibchen mit den Kiefern „abschneidet".
Die Art kommt in Mittel- und Nordeuropa vor. Länge: 14–17 mm.

4 **Osmia rufa** (L.), Mauerbiene. – Gehört zu den häufigsten Solitärbienen des zeitigen Frühjahrs. Sie nistet in Holzlöchern, Mauerrissen und -spalten, starken Halmen usw. Den Raum teilt sie durch Querwände aus mit Speichel vermischtem Lehm in einzelne Kammern. Sie besiedelt auch verlassene Solitärbienennester.
In ihrem Nest entwickeln sich die parasitischen Larven der Goldwespe *Chrysis ignita.*
Die Mauerbiene lebt in Süd- und Mitteleuropa sowie in Transkaukasien.
Länge: 8–13 mm.

1
2
3
4

## Familie Anthophoridae

1 **Anthophora acervorum** (L.), Pelzbiene. – Völlig schwarz oder graubraun behaart. Sie zeichnet sich durch eine außerordentlich lange Zunge aus, die genauso lang ist wie der Körper. Typische Frühlingsbiene, die schon ab Ende März fliegt. Sie nistet in Lehmnestern, die sie häufig in der Nähe des Menschen baut (z. B. in Scheunen). Die Imago überwintert. Länge: 14–16 mm.

2 **Eucera longicornis** (L.), Langhornbiene. – Häufigste Art der ganzen Gattung. Wie bei allen weiteren Arten sind die Fühler des Männchens außerordentlich lang und können Körperlänge erreichen. Die Imago erscheint häufig im Mai auf Wicken und Ochsenzunge. Die Männchen erscheinen früher als die Weibchen. Die Art nistet im Erdreich; das Nest besteht aus einem senkrechten Gang, an den seitlich einzelne Zellen stoßen; dort hinein bringt das Weibchen Pollen und legt seine Eier. Die Langhornbiene ist fast über ganz Europa verbreitet. Länge: 12–15 mm.

3 **Nomada sexfasciata** PANZ., Wespenbiene. – Ähnelt mit vielen Dutzend verwandten Arten eher Wespen als Bienen. Sie ist nicht in der Lage, ein eigenes Nest anzulegen, zu bauen und mit Pollen zu versorgen. Daher dringt sie in Bienennester ein (hauptsächlich der Gattung *Eucera*). Dort legt sie ihre Eier, die Entwicklung geht auf Kosten der Nachkommen der ursprünglichen Nestbewohnerin vor sich. Im Frühjahr, im Mai/Juni fliegt sie gern Ochsenzunge an. Länge: 11–12 mm.

5 **Xylocopa violacea** (L.), Holzbiene. – Größte und gedrungenste Solitärbiene Mitteleuropas. Wärmeliebende Art, die Landschaften mit Steppencharakter und Flußtäler besiedelt. Wegen der Gesamtfärbung kann sie noch mit der verwandten *X. valga* (**4**) verwechselt werden, die stellenweise zahlreicher auftritt. Die Fühler des Holzbienenmännchens sind vor der Spitze gelblich. Die Imago schlüpft Ende August/September. Beide Geschlechter überwintern in hohlen Bäumen, Mauern usw., oft mehrere Exemplare beieinander. Das Weibchen wird erst im Frühjahr befruchtet, es fliegt von Mai bis August. Das Weibchen legt im Laufe des Lebens 1–3 Nester an, für die es sich einen alten hohlen Baum, Baumstumpf usw. aussucht. Zuerst nagt es einen kurzen horizontalen Einschlupfgang, dann einen 15–30 cm langen senkrechten Gang, der in der Regel wieder in einem senkrecht angelegten Ausschlupfloch endet, das mit Nagemehl verstopft wird. Diesen Nistraum unterteilt es in 10–15 Kammern. Jede ist etwa 2 cm lang und hat einen Durchmesser von 1,5 cm. In jede Kammer werden 2 g Pollen gebracht, in jeder entwickelt sich nur eine einzige Larve, und später schlüpft auch hier die Imago. Sind die Wände dünn, beißt sie sich durch eine eigene Öffnung in der Kammerwand ins Freie durch. Sind die Wände dick, muß sie warten, bis die Bienen in den darüberliegenden Kammern geschlüpft sind. Dann kommen die Imagines in einer Reihe hintereinander durch die Einschlupföffnung heraus. Die jungen Weibchen legen im folgenden Jahr ihr Nest normalerweise dort an, wo sie zur Welt gekommen sind.
Die Holzbiene lebt hauptsächlich in Südeuropa, in Mitteleuropa erreicht sie die Nordgrenze ihrer Verbreitung. Länge: 20–23 mm.

1

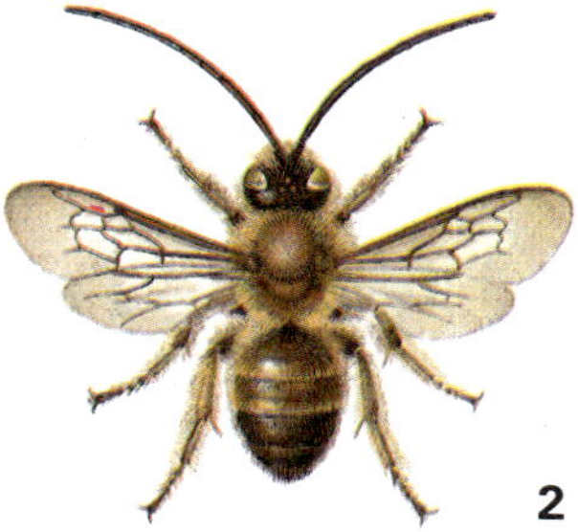
2

3

4 ♂

5

## Familie Apidae, Bienen

1–3 **Apis mellifera** L., Honigbiene. – Auch unter dem wissenschaftlichen Namen *Apis mellifica* angeführt. Seit jeher gilt die Honigbiene als Haustier, obwohl sie es eigentlich nie ganz geworden ist. Schon vor 6000 Jahren wurde sie von den alten Ägyptern gehalten. Aber schon vorher lebte die Honigbiene wild und ist auch heute ohne menschliche Hilfe existenzfähig. Die Honigbiene bildet in Europa mehrere Rassen, unter denen sich die Kärntner Biene vor allem durch ihren Fleiß auszeichnet. Die Honigbiene ist das bekannteste sozial lebende Insekt mit großen Kolonien, die oft rund 40000–80000 Tiere zählen können. Kein Exemplar ist aber ohne den heimatlichen Bienenstock lebensfähig. An der Spitze des Staates steht ein Muttertier – die Königin (**1**), auch Weisel genannt. Die zahlreichsten Bewohner sind die Arbeiterinnen (nicht ausgereifte Weibchen), zeitweilige Angehörige sind auch die Männchen (Drohnen, **2**). Weibchen und Arbeiterinnen (**3**) haben einen mit Widerhaken versehenen Stachel, der mit einer Giftdrüse in Verbindung steht. Wenn eine Biene einen Menschen gestochen hat, bleibt der Stachel in der Wunde zurück (oft mit herausgerissenen inneren Organen), und die Biene kommt um.

Alle drei Kasten unterscheiden sich durch Größe und Körpermerkmale. Die Königin ist am größten, ihr Hinterleib ist gestreckter und schlanker als bei den Arbeiterinnen. Die Drohnen dagegen sind gedrungen und haben auffallend große Augen. Im Gegensatz zu Königin und Arbeiterinnen haben sie keinen Stachel. Königin und Arbeiterinnen sind ständige Bewohner, Männchen erscheinen nur im Frühjahr und im Frühsommer. Jede Kaste hat ihre streng umgrenzte Aufgabe. Das Weibchen legt Eier und sorgt so für die Erhaltung der Einwohnerzahl im Staat. Die Arbeiterinnen bauen Waben, sorgen für Sauberkeit im Nest, erhalten eine angemessene Temperatur, bringen Futter herbei, pflegen die Königin und die Larven, zu einer bestimmten Zeit auch die Drohnen. Obwohl für die Erhaltung der Kolonie nur wenige Männchen von Bedeutung sind, nämlich die, die beim Schwärmen die junge Königin begatten, kommen sehr viele Männchen zur Welt. Anschließend werden sie aus der Kolonie vertrieben. Da sie allein nicht fähig sind, Nahrung zu finden, verlangen sie immer von neuem Zutritt zum Bienenstock. Die Arbeiterinnen verjagen sie, beißen und erstechen sie zum Schluß (Drohnenschlacht).

Bienen bauen ihr Nest aus einem Material, das sie selbst ausscheiden. Es handelt sich nicht um Papiermaché wie bei den Wespen, sondern um Wachs. Die Arbeiterinnen scheiden in einem bestimmten Lebensabschnitt Wachs aus besonderen Drüsen am Hinterleib ab, kratzen es mit den Beinen ab und kneten es mit den Kiefern zu Baumaterial, aus dem drei verschiedene Zelltypen hergestellt werden. Es überwiegen regelmäßige sechseckige Zellen von etwa 5 mm Durchmesser, die zur Aufzucht von Arbeitsbienen dienen. Der zweite Zelltyp ist etwas größer, darin spielt sich die Entwicklung der künftigen Männchen ab. Die völlig anders aussehenden traubenförmigen Weiselzellen (auf der Wabenfläche und an ihren Rändern) sind zur Aufzucht künftiger Königinnen bestimmt. Jede Wabe ist zweischichtig, die beiden Schichten berühren sich an den Zellbasen, die Mündungen der einzelnen Zellen sind leicht nach oben gerichtet. Diese Aufwärtsrichtung hat ihre Bedeutung, denn die Zellen dienen nicht nur zur Larvenaufzucht, sondern auch zum Einlagern der Vorräte – Pollen und Honig. Wildlebende Bienenvölker müssen die Wabe von Grund auf selbst bauen, domestizierte Bienen sind etwas besser dran, denn der Imker erleichtert ihnen die Arbeit, indem er in den Bienenstock Rähmchen mit senkrecht stehenden Zwischenwänden setzt, an die die Arbeiterinnen ihre sechskantigen Zellen kleben.

Länge: ♀ 16–20 mm, ☿ 12–15 mm, ♂ 14–18 mm.

1 ♀

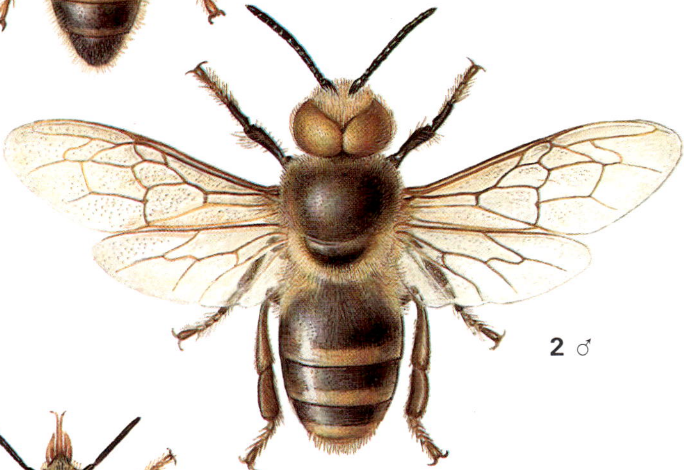

2 ♂

3 ☿

## Familie Apidae, Bienen

1–3 **Apis mellifera** L., Honigbiene. – Die Bienenentwicklung geht sehr schnell vor sich. Die Königin (**3**) legt je ein Ei auf den Boden jeder Zelle, die von den Arbeiterinnen gereinigt und vorbereitet wurde. Durch den Bau verschiedener Zelltypen schreiben ihr die Arbeiterinnen (**3**) gewissermaßen vor, welche Eier wo abgelegt werden. Im Hinterleib der Königin sitzt eine besondere Blase, die nach der Begattung, zu der es auf dem Hochzeitsflug kommt, mit männlichen Samenzellen gefüllt ist, die hier mehrere Jahre am Leben bleiben. Bei der Eiablage sorgt die Königin selbst für die Befruchtung des Eies oder legt unbefruchtete Eier. In die kleineren Zellen kommen befruchtete Eier (hier entwickeln sich Arbeitsbienen), in die größeren Zellen unbefruchtete (hier entwickeln sich Drohnen). Aus dem Ei schlüpft schon am vierten Tag eine winzige, schnell wachsende Larve. Sie kann sich nicht allein ernähren und ist völlig von der Pflege durch die Ammen abhängig. Nach 5 Tagen ist sie herangewachsen, ihr Gewicht hat sich etwa um das 500fache vergrößert. Die ausgewachsene Larve füllt die ganze Zelle aus und wird von den Arbeiterinnen eingedeckelt. Im Zellinneren spinnt sich die Larve in einen Kokon aus seidenartigen Fasern ein. Die Deckel sind nicht auf allen Zellen gleich. An ihrer Form (und auch an der Zellbreite) kann man schon vorher bestimmen, ob aus der Zelle eine Arbeiterin oder ein Drohn schlüpfen wird: Der Deckel auf der Arbeitsbienenzelle ist flach, männliche Zellen haben einen gewölbten Deckel. Die künftigen Königinnen entwickeln sich in Weiselzellen oder Weiselwiegen (**1**), die nach dem Schlüpfen von den Arbeiterinnen wieder entfernt werden. Die Entwicklung der Königin ist am kürzesten, sie vollzieht sich innerhalb von 15–16 Tagen. Die Entwicklung einer Arbeitsbiene dauert 21 Tage. Die längste Zeit nimmt die Entwicklung des Männchens (**2**) in Anspruch, sie dauert drei Tage länger als die Entwicklung einer Arbeitsbiene.

Eine Königin lebt ungefähr 4–5 Jahre, doch sind auch ältere Tiere bekannt geworden. Das Leben einer Arbeitsbiene dauert nur etwa 4–5 Wochen, auch die Drohnen leben nur kurze Zeit.

Eine Arbeitsbiene durchläuft im Laufe ihres kurzen Lebens eine ganze Reihe von „Berufen". Man kann bei ihr etwa drei Lebensabschnitte feststellen. In jedem überwiegt eine bestimmte Tätigkeit, die abhängig von Entwicklung (oder Funktionseinstellen) der Futtersaftdrüsen (Schlunddrüsen) im Kopf und der Wachsdrüsen im Hinterleib sind. Sowohl Futtersaftdrüsen als auch Wachsdrüsen sind nur in einem bestimmten Abschnitt des Bienenlebens tätig, doch ist der Ablauf der einzelnen Arbeitsperioden für die Arbeiterinnen nicht besonders streng „vorgeschrieben".

Eine Arbeitsbiene kann überall dort einspringen und helfen, wo es gerade notwendig ist, auch wenn sie zur betreffenden Zeit eine andere „Arbeit" ausführen müßte. Die ersten zehn Tage des Bienenlebens könnte man als „Innendienst" im Bienenstock definieren mit allen Pflichten, die sich daraus ergeben. In diesem Zeitraum ist die Biene die ersten drei Tage lang „Putzfrau". Sie reinigt ihre beim Schlüpfen zusammengeklebte Behaarung, reinigt auch die Wabenzellen. Dann kommt die Brutpflege an die Reihe. Die Schlunddrüsen beginnen, ein höchst nährstoffhaltiges Sekret zu produzieren, das den jüngsten Larven als Nahrung zugedacht ist. Ältere Larven bekommen Pollen und Nektar. Nur die Larven der künftigen Königinnen und die Königin bekommen das ganze Leben über diesen hochwertigen Weiselfuttersaft. Gegen Ende des ersten Lebensabschnittes unternimmt die Arbeiterin die ersten Orientierungsflüge in die nähere Umgebung des Bienenstocks.

1

2 ♂

3 ♀ + ☿ ☿

## Familie Apidae, Bienen

1, 2 **Apis mellifera** L., Honigbiene. – In der zweiten Dekade des Bienenlebens herrschen Bauarbeiten vor. Das ist die Zeit, in der die Futtersaftdrüsen verkümmern und die Wachsdrüsen im Hinterleib ihre volle Funktion aufnehmen. Zu den Bauarbeiten tritt noch eine weitere Tätigkeit: Die Bienen (**1**) verdichten den Nektar in den Zellen mit ihren Kiefern und stopfen mit dem Kopf den Pollen fest. Auch sorgen sie für Sauberkeit im Bienenstock und tragen Abfälle hinaus. Für eine kurze Zeit, etwa um den 20. Lebenstag herum, wird die Biene zur Wächterin. Sie hält sich im Stockeingang auf (im Flugloch) und achtet darauf, daß keine fremden Bienen und Honigräuber eindringen, z. B. Wespen und Hornissen. Nach diesem kurzen Dienst beginnt die dritte und letzte Phase des Bienenlebens – sie wird zur Sammel- oder Trachtbiene. Jetzt hat sie schon den größten Teil des Lebens hinter sich. Die wachsbildenden Drüsen sind auch bereits reduziert, und ihre Hauptpflicht besteht im Sammeln von Pollen und Nektar. Zum Pollensammeln dienen die Mandibeln und die eigenartig angepaßten Beine mit Bürsten. An den Hinterbeinen hat sich ein Körbchen gebildet (d. h. eine wimpernumsäumte Vertiefung auf den Schienen). Mit den Bürstchen kratzt die Biene den in ihrer Körperbehaarung hängengebliebenen Pollenstaub ins Körbchen, um ihn so in den Bienenstock zu bringen (**2**). Den Nektar saugt sie mit ihrem langen Rüssel.

Die Biene hat z. B. die Fähigkeit, Farben zu unterscheiden, am besten nimmt sie Blau und Gelb wahr. Im Gegensatz zum menschlichen Auge hat das Bienenauge keine Rot-Wahrnehmung (Rot wird wie Dunkelgrau gesehen), dafür aber eine beträchtliche Ultraviolettempfindlichkeit. Bienen verfügen auch über eine ganz spezielle Verständigung, die sie durch den sog. Schwänzeltanz ausdrücken. Durch ganz verschiedene Tänze können die Flugbienen ihren Schwestern nicht nur etwas über die Richtung, in die sie auf Nahrungssuche fliegen sollen, mitteilen, sondern auch darüber, wie ausgiebig die Nahrung ist und wie weit sie vom Bienenstock entfernt liegt.

Eine Bienenkolonie ist keine unveränderliche Einheit. Zu einer bestimmten Zeit kommt es zum Schwärmen. Das ist eine eigenartige Vermehrungsweise der Bienenvölker – die Abspaltung eines Kolonieteils vom ursprünglichen Nest. Zum Schwärmen kommt es, wenn in den Weiselzellen junge Königinnen kurz vor dem Schlüpfen stehen. Der alte Weisel – die ursprüngliche Königin und Gründerin des ganzen Nestes – fliegt mit etwa der Hälfte aller Bienen aus dem Stock und macht der jungen Mutter den Platz frei. Der Schwarm hängt sich meist an einen Baumast. So wie die Flugbienen über Nahrung informieren können, sind auch die Kundschafterinnen, die den Schwarm vorübergehend verlassen haben, in der Lage, über eine geeignete Stelle zu informieren, an die sich der Schwarm begeben und festsetzen könnte. Dem kommt aber der Imker zuvor, er schüttelt den Schwarm in eine Kiste ab und bringt die Bienen in einen Stock. Dadurch entfallen nicht nur Sorgen mit der Wahl einer neuen Behausung, sondern auch mit dem Bau. Im ursprünglichen alten Bienenstock spielen sich unterdessen mehrere grundsätzliche Veränderungen ab. Die als erste aus der Weiselzelle geschlüpfte junge Königin vernichtet die Konkurrentinnen in allen anderen Weiselzellen. Nach der Begattung beginnt sie mit der Eiablage, und das Leben des Bienenvolkes geht weiter. Wespen- und Hummelstaaten sind einjährig, der Bienenstaat dagegen vieljährig. Bienen überwintern in einem vielschichtigen Knäuel, der sog. Wintertraube, in deren Inneren die Königin geborgen ist. Dort hält sich eine Temperatur zwischen 20–36 °C, auf der Wintertraubenoberfläche sinkt sie nicht unter +10 °C. Mit dem nächsten Frühjahr erwacht auch das Bienenvolk, und die Arbeiterinnen gehören zu den ersten Insekten an den zeitigen Frühlingsblüten.

1 ☿

2

## Familie Apidae, Bienen

1, 2 **Bombus agrorum** (F.), Ackerhummel. – Wird zur Untergattung *Agrobombus* gezählt. Dieser Umstand sowie der wissenschaftliche Artname könnten zu der Ansicht führen, daß es sich um eine in den Feldern lebende Art handelt (ager – Feld). Die Ackerhummel kommt aber an den verschiedensten Standorten vor, an trockenen und auch an feuchten Stellen – auf Wiesen, in Parks, Gärten, Wäldern und Feldern. Sie erscheint vorwiegend vom Tiefland bis ins Bergvorland, geht aber auch in die Knieholzregion hinauf, wo sie allerdings weniger zahlreich auftritt. Sie gehört zu den häufigsten Hummelarten.

In ihrem ausgedehnten Verbreitungsgebiet wurden schon viele Farbformen beschrieben, vor allem im Hinblick auf die Farbvariabilität des Hinterleibes. Die Grundfärbung von Weibchen (**1**), Arbeiterinnen und Männchen (**2**) in Mitteleuropa sieht etwa folgendermaßen aus: Auf dem Kopf, der länger als breit ist, sitzen gelbliche Haare, die Brust ist mit einem orangegelben Fell bewachsen (bei einigen Exemplaren sitzt mitten auf der Mittelbrust eine dreieckige Gruppe schwarzer Haare), auf dem Hinterleib sind die Haare gelblich und gelblich-fahl. Nur das 2. und 3. Hinterleibssegment tragen schwarze Haare. Je weiter nördlich, desto dunkler sind die Exemplare. Hilfreich bei der Bestimmung dieser Art ist vor allem die orangegelbe Behaarung der Brust.

Wie alle anderen europäischen Hummelarten lebt auch die Ackerhummel sozial in einer einjährigen Kolonie, in einem Staat, an den sie ihr ganzes Leben lang eng gebunden ist. Hummeln sind ebenso wie Wespen nicht in der Lage, vor Wintereintritt genügend Nahrung zu sammeln. Daher sterben Arbeiterinnen, Männchen und die alte Königin, die das Nest im Frühjahr gegründet hat, im Herbst. Nur junge befruchtete Weibchen, die vor Sommerausgang, also vor dem Untergang des Staates, zur Welt gekommen sind, überwintern in den verschiedensten Schlupfwinkeln und legen im Frühjahr ein neues Nest an. Das Weibchen verläßt sein Winterversteck im Frühjahr, je nach Witterung, meist ab Mitte April. Nach der vielmonatigen Fastenzeit ist es ausgehungert und geschwächt. Einige Tage lang fliegt es von Blüte zu Blüte, saugt Nektar und wärmt sich in der Sonne. Dann beginnt es, einen geeigneten Raum zu suchen, in dem es sein Nest gründen kann. Das Nest wird an der Oberfläche angelegt; bei der Standortwahl ist das Weibchen recht anspruchslos und ziemlich anpassungsfähig. Häufig nistet es in unmittelbarer Nähe des Menschen – in Ställen, Scheunen, in den Wänden von Holzhäusern, es baut sein Nest auch z. B. in einem Eimer mit alten Lumpen, in alten, abgelegten Federbetten u. ä. Das Nest ist klein, es enthält nur etwa 100–200 „Zellen". Sobald der Raum für das künftige Nest ausfindig gemacht ist, kehrt das Weibchen wiederholt an die Stelle zurück, um sich ihre Lage einzuprägen und sicher den Heimweg zu finden. Von diesem Augenblick an hängt das Schicksal des künftigen Staates ausschließlich vom Weibchen ab. Viele Weibchen kommen schon nach der Gründung des Nestes bei ungünstiger Witterung um, was den Untergang des ganzen Nestes zur Folge hat. Die Sterbequote kann sogar über 50% liegen. Die Baukunst der Hummeln ist nicht sonderlich groß, sie bleibt weit hinter den Bauleistungen von Bienen und Wespen zurück. Länge: ☿ 14–16 mm, ♀ 18–22 mm, ♂ 13–18 mm.

1 ♀

2 ♂

## Familie Apidae, Bienen

1, 2 **Bombus agrorum** (F.), Ackerhummel. – Zur Aufzucht der Larven bringt das Weibchen (**2**) Pollen ins Nest (**1**) und knetet aus ihm ein erstes Kügelchen von 6 × 5 mm Durchmesser und etwa 4 mm Höhe. An dieses Kügelchen werden Eier gelegt, meist 8. In der Mittelreihe sitzen zwei, in jeder benachbarten Reihe je drei. Diese Zahl liegt aber nicht fest, meist sind es weniger Eier. Dieses erste Kügelchen wird vom Weibchen mit einer Wachsschicht bedeckt, dann wird mit dem Bau eines Näpfchens unweit vom Nesteingang begonnen. In diesen Napf wird Nektar getragen, der als Nahrungsvorrat bei ungünstiger Witterung dient. Die Entfernung vom Nektargefäß zur Brutkugel beträgt etwa 12–18 mm. Zu Beginn der Nestgründung ist das Weibchen sehr erschöpft, es muß für sich selbst sorgen, Vorräte anlegen, mit dem eigenen Körper die Brutkugel mit den Eiern und später auch Larven warm halten, die Larven werden auch gefüttert. Die Entwicklung verläuft relativ schnell, denn dringend werden Helferinnen benötigt! Die Königin allein könnte das immer größer werdende Nest nicht versorgen. Die weißen, madenförmigen Larven sind beinlos und wachsen schnell. Ausgewachsene Larven scheiden eine eigenartige Masse ab, die schnell hart wird und sich zu einer Faser umwandelt. Aus den Fasern spinnen sich die Larven einen Kokon mit einer dünnen, aber sehr festen Wandung. Diese Larvenkokons ähneln Haselnüssen. Darin verpuppt sich die Larve, nach kurzer Zeit schlüpft die Imago. Die ersten Nachkommen sind stets Arbeiterinnen, Weibchen mit unvollständig ausgebildeten Eierstöcken. Sie sind sehr klein, da sie im Laufe ihrer Entwicklung nur die allernötigste Nahrungsmenge bekommen haben. Nach dem Schlüpfen sättigen sie sich aus den im Nest vorhandenen Vorräten, und schon nach einigen Tagen fliegen sie auf Nektar- und Pollensuche. Das Weibchen fährt mit dem Eierlegen fort, das Nest nimmt an Bewohnerzahl ständig zu. Im Hochsommer erscheinen außer Arbeiterinnen allmählich auch Männchen und junge Weibchen. Die Männchen entwickeln sich nach und nach aus unbefruchteten Eiern. Sie sind schlanker als die Weibchen und werden von den Arbeiterinnen nicht aus dem Nest vertrieben. Sie fliegen selbst davon, anfänglich kehren sie über Nacht zurück, später bleiben sie draußen auf den Blüten. Man kann sie noch an schönen Oktobertagen auf blühenden Disteln finden, die im Spätherbst zahlreich von den verschiedenen Hummelarten aufgesucht werden.

Die Arbeiterinnen wie auch die Weibchen sind mit einem langen Stachel ausgerüstet. Sie sind aber nicht angriffslustig, stechen nur zur Verteidigung, und ihr Stachel bleibt im Gegensatz zum Bienenstachel nicht in der Wunde zurück. Männchen haben keinen Stachel. Mit noch weiteren Arten gehört die Ackerhummel zu den sehr wichtigen Kleebestäubern. Sie ist friedfertig, nicht aggressiv. Im Frühling erscheint sie oft in Gärten auf blühenden Narzissen, auf Wiesen auf Lerchensporn, in Wäldern auf Anemonen und Lungenkraut, später auch auf Brombeersträuchern. Im Sommer trifft man die Ackerhummel oft auf Quendel und Salbei an, zu ihren bevorzugtesten Pflanzen gehören Akelei und Fingerhut, auch Salweide, Taubnessel und Schöllkraut.

Ihre Verbreitung reicht über ganz Europa einschließlich der nördlichen Länder, sie lebt in Sibirien, im Kaukasus, in Turkestan usw.

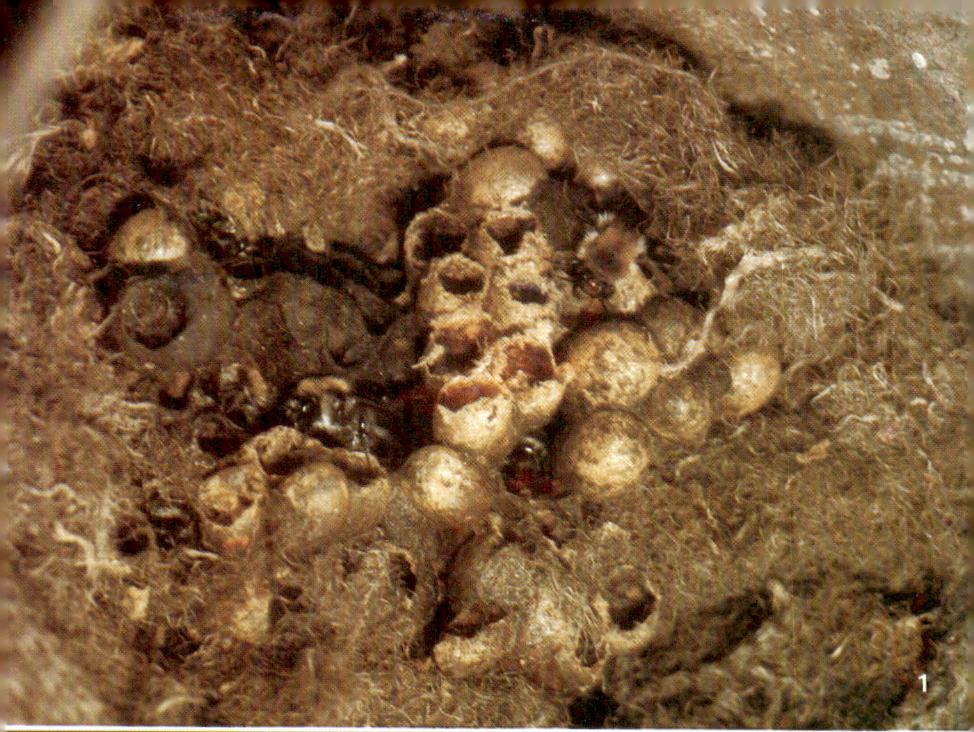

1

2

## Familie Apidae, Bienen

1 **Bombus pomorum** L. Farblich recht variabel. Typische Exemplare sind von schwarzer Behaarung überzogen, bei Weibchen und Arbeiterinnen tragen das 3.–6., bei den Männchen das 3.–7. Tergit ein rötliches Fell. Geht man bei der Bestimmung nur von der Färbung aus, können Verwechslungen vor allem mit der Steinhummel, mit *B. ruderarius* und der Kurzkopfhummel unterlaufen. Daher muß man auch weitere Merkmale in Betracht ziehen.
*B. pomorum* ist in wärmeren Waldlandschaften zahlreicher, vor allem in tieferen Lagen; nur selten geht sie höher in die Berge hinauf (kaum bis 2000 m). Sie besiedelt Wiesen, Felder, Gärten und Wälder. Die Weibchen erscheinen nach der Überwinterung Ende April/Mai. Sie legen ihr Nest ausschließlich in unterirdischen Räumen an, z. B. in Mauselöchern auf Feldrainen u. ä. Der Nesteingang ist mit trockenem Gras bedeckt, unter dem sich die Wächterinnen verborgen halten. Die Art gehört zu den häufigen und wichtigen Kleebestäubern.
Sie ist in einigen Teilen Europas verbreitet, fehlt aber im Norden und im Süden. In den Alpen geht sie bis etwa 1800 m hinauf, sie lebt auch in Sibirien.
Länge: ♀, ☿ 20–24 mm, ♂ 18–20 mm.

2 **Bombus subterraneus** L. Besiedelt mittlere Lagen bis in Höhen von 800 m. Die Weibchen kommen im Mai aus ihren Schlupfwinkeln geflogen und legen unterirdische Nester an. Männchen (**2**) erscheinen im August. Zu den von dieser Art aufgesuchten Pflanzen gehören neben Klee und Taubnesseln auch Disteln.
*B. subterraneus* ist in Eurasien verbreitet. Länge: ♂ 15–20 mm, ♀ 17–30 mm.

3 **Bombus hortorum** L. In ihrer Färbung genauso veränderlich wie andere Hummelarten. Meist treten Exemplare mit schwarzer Behaarung auf. Das Weibchen (**3**) hat gelbe Haare auf Vorderbrust (Collare), auf dem Schildchen (Scutellum), dem ersten Tergit und dem Vorderrand des zweiten Hinterleibstergits. Weiße Haare befinden sich auf dem 4. und 5. Tergit. Bei Männchen ist das 6. Tergit in der Mitte schwarz, seitlich mit weißem Haar bewachsen. Das gelbe Band auf dem Schildchen des Männchens ist vorn ausgeschnitten.
Diese Art zeichnet sich durch einen auffallend langen Kopf aus. Darüber hinaus hat sie von allen mitteleuropäischen Hummelarten den längsten Rüssel (genauso lang wie der Körper). Sie bestäubt also Pflanzen, die von anderen Hummelarten oder Bienen nicht bestäubt werden können. Die Hummel erscheint an Waldrändern und in Gebüschen von Ebene und Bergen (geht über 2000 m hoch hinauf). Die Weibchen zeigen sich nach der Überwinterung zeitig im Frühjahr. Sie legen ihr Nest in gedecktem Raum an, unter der Erdoberfläche, manchmal auch in Gebäuden in alten Lumpen, unter Fußböden usw. Leicht läßt sie sich in künstlichen Stöcken halten. In einem Nest leben etwa 300–400 Exemplare. Die Art ist ein wichtiger Bestäuber von Klee und Obstbäumen. Die Männchen fliegen im August aus, bis Oktober sind sie auf Blüten anzutreffen.
*B. hortorum* besiedelt ganz Europa und die gemäßigte Zone Asiens (Sibirien, Mongolei). Länge: ♀, ☿ 20–24 mm, ♂ 18–20 mm.

1

2 ♂

3 ♀

## Familie Apidae, Bienen

1 **Bombus muscorum** F., Moos- oder Marschhummel. – Gleichmäßig gefärbt. Sie ist über und über mit gelblichbraunen Haaren bewachsen und lebt auf Wiesen und Feldern. Die Weibchen erscheinen nach der Überwinterung Ende April/Mai vom Tiefland bis ins Bergvorland, in den Alpen bis rund 800 m Höhe. Sie legen ein Nest an der Oberfläche ohne ein schützendes Dach meist in Grashorsten oder im Moos an. Ein Mooshummelnest wurde aber auch schon in einem alten Eichhörnchenkobel gefunden. Die Zahl der Bewohner ist gering, es sind nur einige Dutzend. Im Frühjahr trifft man die Mooshummel auf Günsel an, später sucht sie gerne Natternkopf, Ochsenzunge u. a. auf, sie zeigt sich auch auf Kleefeldern.
Die Männchen fliegen ab August aus dem Nest, bis Oktober findet man sie auf Blüten. Die Mooshummel gehört zu den selteneren Arten, das hängt ganz bestimmt mit der geringen Anzahl im Nest zusammen.
Verbreitung: Über einen Großteil Europas mit Ausnahme von Norden und Süden. Kommt auch in Nordasien vor. Länge: ♀, ☿ 18–22 mm, ♂ 13–16 mm.

2 **Bombus ruderarius** Müll. Zeichnet sich durch eine beträchtliche Veränderlichkeit in der Färbung aus. Grundfärbung von Männchen, Weibchen und Arbeiterinnen: Der Körper hat eine schwarze Behaarung, nur die letzten Hinterleibssegmente haben rötliche Haare. Beim Männchen sind Vorderbrust und Schildchen heller. Diese Gesamtfärbung könnte bei hastiger Bestimmung zu Irrtümern führen, denn es gibt mehrere ähnlich gefärbte Arten. *B. ruderarius* lebt auf Wiesen, in Gärten und Feldern. Überwinternde Weibchen fliegen ab Mitte April, in höheren Lagen im Mai, und sättigen sich auf erblühten Primeln, Lerchensporn, Krokus usw. Das Weibchen legt sein Nest an der Oberfläche an und schützt es nicht durch eine Decke. Dieses Nest ist etwa 25–30 cm hoch, es befindet sich normalerweise in gras- und moosüberwachsenen Bodenvertiefungen. Die Arbeiterinnen schlüpfen Mitte Juni und erscheinen auf den verschiedenen Borretschgewächsarten, auf Lippen- und Korbblütlern. Auch sie gehört zu den wichtigen Kleebestäubern. Die Männchen zeigen sich im Juli/August.
*B. ruderarius* bewohnt Europa mit Ausnahme des extremen Nordens und Südens. Sie geht in den Alpen bis 2200 m hinauf. Länge: ♀, ☿ 16–20 mm, ♂ 15–18 mm.

3 **Bombus silvarum** L., Waldhummel. – Im Gegensatz zu vielen anderen Arten einigermaßen farbkonstant. Sie fliegt vor allem in Eichenwäldern (selten in Nadelwaldungen), auf Feldern, Wiesen und in Gärten. Die Weibchen verlassen die Winterverstecke im April/Mai, je nach Witterung und Landschaft. Das Nest wird sowohl ober- als unterirdisch angelegt. Die Waldhummel setzt sich in verlassenen Mauselöchern und Maulwurfsgängen fest, auch in den offenen Nestern von Vögeln oder Eichhörnchen. In einem Nest gibt es nur wenig Bewohner, insgesamt leben dort nur einige Dutzend Tiere. Das Weibchen frißt manchmal die eigenen Eier. Die Männchen fliegen im August aus, bis Ende September leben sie auf Blüten. Die Waldhummel setzt sich gern auf die Blüten von Taubnessel, Salbei, Kornblume, Distel, Kratzdistel; sie gehört auch zu den Kleebestäubern.
Bewohnt einen großen Teil Europas, den hohen Norden ausgenommen, auch in Nordasien. In den Alpen geht die Art bis etwa 1600 m Höhe hinauf.
Länge: ♀, ☿ 18–20 mm, ♂ 15–18 mm.

1

2 ♂

3 ♀

## Familie Apidae, Bienen

1–3 **Bombus lapidarius** L., Steinhummel. – Gehört nicht nur zu den auffälligsten, sondern auch zu den häufigsten mitteleuropäischen Hummelarten. Die Farbe ist typisch: schwarze Behaarung, nur an den letzten Hinterleibssegmenten sitzen rote Haare. Beim Männchen (**2**) sind Stirnschild und Vorderbrust gelb. Eine ähnliche Färbung weisen noch verschiedene weitere mitteleuropäische Hummelarten auf, vor allem *B. mastrucatus, B. ruderarius* und *B. pomorum.* Die Steinhummel fliegt in Wäldern, Feldern, Wiesen, Gärten, die einen Nistraum suchenden Weibchen fliegen nicht selten auch in Wohnungen.

Die Weibchen (**3**) erscheinen im Frühjahr. Da sie nach dem langen Winterschlaf entkräftet sind, suchen sie zunächst Nahrung – Nektar und Pollen der Frühjahrsblüher. Dann macht sich das Weibchen auf die Suche nach einer günstigen Stelle, um dort ein Nest anzulegen. Es fliegt niedrig und zögernd über den Boden dahin. Oft läßt es sich nieder, kriecht in verschiedene Hohlräume und untersucht sie, dringt auch in Steinhaufen und nicht selten auch in die Ritzen von Häusern ein. An den Biotop für die neue Kolonie werden geringe Ansprüche gestellt. Wurde ein Neststandort ausgewählt, beginnt seine Herrichtung. Das Weibchen polstert ihn mit Moos und trockenen Kräutern aus. Dann bildet es eine Pollenkugel und legt einige Eier. Auch ein Näpfchen wird modelliert, in das ein Nektarvorrat gebracht wird. Die Entwicklung verläuft genauso wie bei den anderen Hummeln. Manchmal treten kannibalistische Neigungen der Arbeiterinnen (**1**) auf, sie versuchen, dem Weibchen die Eier zu rauben und sie aufzufressen, doch werden sie vom Weibchen verjagt. Das Leben der Arbeiterinnen ist relativ kurz, es dauert etwa 5 Wochen. Abends kehren die Hummeln ins Nest zurück, in dem auch nachts Betriebsamkeit herrscht.

Das Steinhummelnest ist mittelgroß, es umfaßt etwa 300 Tiere.

Die gegen Sommerende schlüpfenden, befruchteten Weibchen sättigen sich im Herbst gründlich und suchen allmählich Verstecke auf, um den Winter sicher zu verschlafen. Sie wühlen sich auf Rainen, bewaldeten Böschungen usw. etwa 15 cm tief ins Erdreich ein. Dort legen sie sich eine Art Kammer an, die für die nächsten Monate ihre Heimstatt darstellt. Die Steinhummel ist ein ganz bedeutender Bestäuber von Blüten mit langer röhrenförmiger Krone, was übrigens auch für die übrigen Hummelarten gilt. Sie sind als Bestäuber vor allem bei solchen Blüten wichtig, deren Nektarien von Bienen mit ihrem kurzen Rüssel nicht erreicht werden. Gemeinsam mit *B. agrorum* und *B. hortorum* sowie weiteren Arten gehört die Steinhummel zu den allerwichtigsten Kleebestäubern. Sie sucht gern Fingerhut, Taubnessel, Lerchensporn, Lungenkraut, Primeln und viele andere Blumen auf.

Sie bewohnt einen großen Teil Europas und reicht im Norden bis Lappland. In den Alpen geht sie rund 2000 m hoch.

Auch diese auffällige Hummelart steht wie andere unter Naturschutz.

Länge: ♀, ☿ 24–27 mm, ♂ 14–18 mm.

1 ☿

2 ♂

3 ♀

## Familie Apidae, Bienen

1 **Bombus muscorum** F., Moos- oder Marschhummel. – Gleichmäßig gefärbt. Sie ist über und über mit gelblichbraunen Haaren bewachsen und lebt auf Wiesen und Feldern. Die Weibchen erscheinen nach der Überwinterung Ende April/Mai vom Tiefland bis ins Bergvorland, in den Alpen bis rund 800 m Höhe. Sie legen ein Nest an der Oberfläche ohne ein schützendes Dach meist in Grashorsten oder im Moos an. Ein Mooshummelnest wurde aber auch schon in einem alten Eichhörnchenkobel gefunden. Die Zahl der Bewohner ist gering, es sind nur einige Dutzend. Im Frühjahr trifft man die Mooshummel auf Günsel an, später sucht sie gerne Natternkopf, Ochsenzunge u. a. auf, sie zeigt sich auch auf Kleefeldern.
Die Männchen fliegen ab August aus dem Nest, bis Oktober findet man sie auf Blüten. Die Mooshummel gehört zu den selteneren Arten, das hängt ganz bestimmt mit der geringen Anzahl im Nest zusammen.
Verbreitung: Über einen Großteil Europas mit Ausnahme von Norden und Süden. Kommt auch in Nordasien vor. Länge: ♀, ☿ 18–22 mm, ♂ 13–16 mm.

2 **Bombus ruderarius** MÜLL. Zeichnet sich durch eine beträchtliche Veränderlichkeit in der Färbung aus. Grundfärbung von Männchen, Weibchen und Arbeiterinnen: Der Körper hat eine schwarze Behaarung, nur die letzten Hinterleibssegmente haben rötliche Haare. Beim Männchen sind Vorderbrust und Schildchen heller. Diese Gesamtfärbung könnte bei hastiger Bestimmung zu Irrtümern führen, denn es gibt mehrere ähnlich gefärbte Arten. *B. ruderarius* lebt auf Wiesen, in Gärten und Feldern. Überwinternde Weibchen fliegen ab Mitte April, in höheren Lagen im Mai, und sättigen sich auf erblühten Primeln, Lerchensporn, Krokus usw. Das Weibchen legt sein Nest an der Oberfläche an und schützt es nicht durch eine Decke. Dieses Nest ist etwa 25–30 cm hoch, es befindet sich normalerweise in gras- und moosüberwachsenen Bodenvertiefungen. Die Arbeiterinnen schlüpfen Mitte Juni und erscheinen auf den verschiedenen Borretschgewächsarten, auf Lippen- und Korbblütlern. Auch sie gehört zu den wichtigen Kleebestäubern. Die Männchen zeigen sich im Juli/August.
*B. ruderarius* bewohnt Europa mit Ausnahme des extremen Nordens und Südens. Sie geht in den Alpen bis 2200 m hinauf. Länge: ♀, ☿ 16–20 mm, ♂ 15–18 mm.

3 **Bombus silvarum** L., Waldhummel. – Im Gegensatz zu vielen anderen Arten einigermaßen farbkonstant. Sie fliegt vor allem in Eichenwäldern (selten in Nadelwaldungen), auf Feldern, Wiesen und in Gärten. Die Weibchen verlassen die Winterverstecke im April/Mai, je nach Witterung und Landschaft. Das Nest wird sowohl ober- als unterirdisch angelegt. Die Waldhummel setzt sich in verlassenen Mauselöchern und Maulwurfsgängen fest, auch in den offenen Nestern von Vögeln oder Eichhörnchen. In einem Nest gibt es nur wenig Bewohner, insgesamt leben dort nur einige Dutzend Tiere. Das Weibchen frißt manchmal die eigenen Eier. Die Männchen fliegen im August aus, bis Ende September leben sie auf Blüten. Die Waldhummel setzt sich gern auf die Blüten von Taubnessel, Salbei, Kornblume, Distel, Kratzdistel; sie gehört auch zu den Kleebestäubern.
Bewohnt einen großen Teil Europas, den hohen Norden ausgenommen, auch in Nordasien. In den Alpen geht die Art bis etwa 1600 m Höhe hinauf.
Länge: ♀, ☿ 18–20 mm, ♂ 15–18 mm.

1

2

3

## Familie Apidae, Bienen

**1–3** **Bombus terrestris** L., Erdhummel. – Eine der häufigsten und auffälligsten Hummeln der europäischen Fauna, deren Färbung kaum variiert. In der schwarzen Behaarung heben sich die gelb behaarte Vorderbrust und das 2. Hinterleibstergit sowie das weiß gefärbte Hinterleibsende ab. In der Färbung ähnelt sie stark *B. lucorum* (**4**), von der sie in freier Natur nicht unterschieden werden kann. Die Unterscheidung dieser beiden Arten ist nur mit Hilfe einer starken Lupe oder eines Mikroskops möglich und auch dann sogar für den Fachmann nicht immer einfach. Die wichtigsten mikroskopischen Bestimmungsmerkmale von Weibchen und Arbeiterinnen (**2**) beider Arten beruhen vor allem in der Punktierung auf Kopf und Abdomen und in der Entfernung der Punktaugen (Ocellen) voneinander. Bei der Bestimmung von Männchen (**1**) muß man auch die Merkmale auf den Kiefern in Betracht ziehen.

Die Erdhummel fliegt in Wäldern, auf Wiesen, Feldern und in Gärten vom Tiefland bis in die Berge. Die jungen Weibchen (**3**) erscheinen nach der Überwinterung sehr bald im Frühjahr, oft schon Ende März, wenn die ersten warmen Tage eintreten. Die Erdhummel gehört zu den ganz frühen Hummelarten.

Ihr Nest legt sie tief im Boden an, in den Löchern von Mäusen und Maulwürfen. Dort findet sie genügend geeignetes Material zur Auspolsterung – trockenes Gras, Laub und Moos. Das Nest liegt oft über 1 m tief. Das ist für die frühe Kolonie dieser Hummel von großem Vorteil, denn in dieser Tiefe übersteht es leicht die Frühjahrsfröste, die in manchen Jahren die Kolonien der an der Oberfläche nistenden Arten vernichten oder stark dezimieren. Das Erdhummelnest ist genauso ungeordnet wie die Nester anderer Hummeln, es gehört zu den größten, denn es leben rund 500 Tiere darin.

Bei den Arbeiterinnen zeigt sich manchmal Kannibalismus. Sie versuchen, Eier der Königin zu erbeuten und zu fressen, manchmal frißt sogar das Weibchen die eigenen Eier. Ab Ende Juli erscheinen im Nest auch junge Weibchen und Männchen. Nach einer gewissen Zeit verlassen die Männchen das Nest und erscheinen dann zahlreich noch im Spätherbst (Oktober) auf blühenden Pflanzen. Die jungen Weibchen wühlen sich im Herbst in die Erde ein, um dort den Winter zu überstehen. Am liebsten verkriechen sie sich unter Bäume, dazu brauchen sie nur einige wenige Minuten! Manchmal überwintert ein Weibchen auch in dem Nest, in dem es zur Welt gekommen ist, nicht selten kommen dort auch mehrere Weibchen zum Überwintern zusammen.

Die Erdhummel gehört zu den ganz wichtigen Bestäubern verschiedener Pflanzen; ihre Bedeutung ist um so größer, als sie in manchen Landstrichen auch heute noch zahlreich ist. In den kühlen Frühjahrstagen, wenn die Bienen ihre Stöcke nicht verlassen, ist sie ein bisher noch nicht genügend gewürdigter Bestäuber von Obstbäumen. In den Bergen bestäubt die Erdhummel Himbeeren, Heidelbeeren, Preiselbeeren, die Ernte dieser Früchte ist weitgehend von Vorkommen und Zahlenstärke dieser Hummel abhängig. Wie auch weitere Arten gehört die Erdhummel zu den wichtigen Bestäubern der Kleekulturen, sie bestäubt auch eine ganze Reihe weiterer Pflanzenarten. Manchmal beißt sie eine Öffnung in die Blüte, durch die der Nektar angesaugt wird. Bewohnt ganz Europa, Nordafrika und Kleinasien. Länge: ♀, ☿ 20–22 mm, ♂ 11–22 mm.

1 ♂

2 ☿

3 ♀

4

## Familie Apidae, Bienen

**1, 2** **Bombus pratorum** L., Wiesenhummel. – Gehört zu den Arten mit großer Farbvariationsbreite. Meist sind die Hummeln folgendermaßen gefärbt: Brustvorderteil bei beiden Geschlechtern gelb, restliche Brust und vordere Hinterleibstergiten schwarz, das 4.–6. Hinterleibstergit des Weibchens (**1**) und das 4.–7. Tergit des Männchens (**2**) tragen eine rote Behaarung. Das Männchen hat ein gelbweißes Stirnschildchen und einen gelben Scheitel. Es besteht eine gewisse Ähnlichkeit nicht nur mit der folgenden Art, sondern auch mit der Steinhummel sowie weiteren Arten.
Die Wiesenhummel kommt in den Wäldern vom Tiefland bis ins Gebirge zahlreich vor (in den Alpen bis 2500 m). Die jungen Weibchen erwachen zeitig im Frühjahr aus dem Winterschlaf, je nach Witterung erscheinen sie schon Ende März und Anfang April gemeinsam mit zwei weiteren frühen Arten – mit der Erdhummel und *B. hortorum.* In dieser Zeit sitzen sie auf Salweidenkätzchen und sammeln und fressen Pollen. Aufgeblühte Nieswurz, Primel, Lerchensporn und Lungenkraut suchen sie auch.
Der vom Weibchen zum Nestbau ausgewählte Raum kann ganz verschieden aussehen. Manchmal sitzt das Nest an der Erdoberfläche – unter Moos oder im Reisig, in anderen Fällen unterirdisch, z. B. in verlassenen Mauselöchern oder unter dem Fußboden von Scheunen. Man findet es aber auch in hohlen Bäumen oder in verlassenen Vogelnestern und Eichhörnchenkobeln. Arbeiterinnen erscheinen von Juni bis September, Männchen und junge Weibchen fliegen Ende Juni und Anfang Juli aus. Die Hummeln sind oft in der Hochsaison auf Rosengewächsen (einschließlich Obstgehölzen) anzutreffen, auf Lippenblütlern, Borretschgewächsen und Korbblütlern.
Die Wiesenhummel ist über ganz Europa und Nordasien verbreitet.
Länge: ♀, ☿ 16–21 mm, ♂ 11–16 mm.

**3** **Bombus mastrucatus** Gerst., Kurzkopfhummel. – Mit auffällig breitem Kopf. Die Kurzkopfhummel ist nicht weniger farbveränderlich als die vorige Art, der sie übrigens im Gesamtfarbbild ähnelt. Sie hat eine schwarze Behaarung, bei Weibchen und Arbeiterinnen sind das 4.–6. Tergit, beim Männchen das 4.–7. Hinterleibstergit rot. Beim Männchen ist das Stirnschild gelb behaart, Scheitel, Brustvorderteil und manchmal das Schildchen ebenso.
Art der Gebirge und Bergvorlandschaften, die erstmalig schon vor über 100 Jahren aus den Alpen beschrieben wurde. An manchen Stellen, namentlich in der Nadelholzzone ist sie zahlreich. Nach der Überwinterung erwachen die Weibchen verhältnismäßig spät aus dem Winterschlaf. Ihr Ausfliegen fällt in die Zeit, in der die Heidelbeeren aufblühen. Das Weibchen legt sein Nest nur unterirdisch an, die Kolonien sind recht zahlenstark, denn sie umfassen mehrere hundert Exemplare. Die Kurzkopfhummel sucht eine Vielzahl von Pflanzen aus verschiedenen Gattungen auf. Um leichter an die Nahrungsquelle zu gelangen, beißt sie manchmal ein Loch in die Blüte, durch das der Nektar gesaugt wird. Auf Primel, Heidelbeere, Salbei, Eisenhut, Fingerblume, aber auch auf Disteln und vielen anderen Arten kommt die Kurzkopfhummel üblicherweise vor. Auch bestäubt sie Klee.
Verbreitung: In den Bergvorland- und Bergmassiven Europas von den Pyrenäen und dem Balkan bis Skandinavien. Länge: ♀, ☿ 20–26 mm, ♂ 13–18 mm.

1 ♀

2 ♂

3

## Familie Apidae, Bienen

1 **Psithyrus campestris** (PANZ.), Schmarotzerhummel. – Mit ziemlich variabler Färbung, ähnelt verschiedenen Hummelarten. Allgemein sind bei Schmarotzerhummeln Brust und Hinterleib glänzender als bei Hummeln, ihre Flügel sind dunkel. Die Unterscheidung eines Schmarotzerhummel-Männchens von einem Hummelmännchen ist schwierig und ohne Untersuchung der Kopulationsorgane häufig unmöglich. Das Weibchen kann man am besten daran unterscheiden, daß es (im Gegensatz zur Hummel) an den Hinterbeinen keinen Sammelapparat für Pollen hat und daß der Hinterleib stärker gekrümmt ist. Ihm fehlen auch die Wachsdrüsen, die kleine Wachsschuppen abscheiden.
Schmarotzerhummeln haben keine Arbeiterinnen. Das Weibchen kann keinen eigenen Nistraum aussuchen, kann auch nicht die Grundlagen des Nestes aufbauen und die ersten Arbeiterinnen aufziehen, wie es die Hummeln tun. Daher läßt die Schmarotzerhummel ihre Larven von unfreiwilligen Wirten füttern und aufziehen.
Die Weibchen erscheinen nach der Überwinterung im Mai/Juni auf Blüten. Ihr vordringlichstes Interesse gilt der Sättigung mit Nektar und Pollen. Da sie den Pollen nicht vom Körper in die Körbchen abkratzen können, bleibt er an ihren Körperhaaren hängen. Nach einer gewissen Zeit beginnt das Weibchen, nach einem geeigneten Hummelnest zu suchen, in dem die Larven aufgezogen werden könnten. Dazu sucht es vor allem die Nester von *Bombus agrorum, B. humilis, B. pomorum* und *B. subterraneus* auf. Meist dringt es gerade dann ein, wenn schon die ersten Arbeiterinnen aufgezogen sind. Normalerweise wird der Eindringling gnädig aufgenommen, er kriecht zwischen den Nistzellen umher, so daß sein Körper den Nestgeruch annimmt. Dann legt die Schmarotzerhummel ihre Eier in Zellen, die für die Hummeleier vorbereitet wurden. Die Arbeiterinnen des Wirtes ziehen die Schmarotzerhummel-Larven genauso groß wie die eigenen. Die Larven verpuppen sich in den Zellen, zum Ende des Sommers schlüpfen Männchen und Weibchen. Die Männchen (**1**) erscheinen im September zahlreich auf den verschiedenen Distelarten.
Die Schmarotzerhummel lebt in Europa, in der gemäßigten Zone Asiens, im Kaukasus. Länge: ♀ 15–17 mm, ♂ 11–16 mm.

2 **Psithyrus bohemicus** (SEIDL). Bringt eine Reihe von Farbformen hervor. Nach der Überwinterung erscheinen die Weibchen im Mai/Juni und sind auf Klee, Honigklee, Hauhechel und anderen Pflanzen anzutreffen. Das Weibchen (**2**) dringt ins Nest von *Bombus lucorum* ein, wo es seine Eier ablegt und wo sich dann auch die kommende Generation entwickelt. Die Männchen sitzen schon ab Juli auf verschiedenen Korbblütlern. Weibchen erscheinen im August. Länge: ♀ 14–20 mm, ♂ 12–18 mm.

3, 4 **Psithyrus rupestris** (F.). Ähnelt in der Färbung der Steinhummel, in deren Nest sie lebt und von deren Arbeiterinnen sie ihre Larven großziehen läßt. Das mächtige Weibchen (**3, 4**) mit den rot behaarten letzten Tergiten hat dunkelbraune Flügel. Es fliegt im Mai/Juni auf Kleefeldern und an Waldrändern umher, wo es Nester der Wirte sucht. Die junge Generation entsteht mit Sommerende, die Männchen findet man ab August zahlreich auf verschiedenen Disteln. Junge Weibchen überwintern. Diese Schmarotzerhummel ist in Mittel- und Nordeuropa verbreitet. Länge: ♀ 18–25 mm, ♂ 10–18 mm.

1 ♂

2 ♀

3 ♀

4 ♀

## Weiterführende Literatur

BECHTLE, W. (1973): Fototips für Nahaufnahmen. Naturfotografie im Makrobereich. Kosmos, Franckh'sche Verlagshandlung, Stuttgart

BEIDERBEK, R. und J. KOEFOET (1979): Pflanzengallen am Wegesrand. Kosmos, Franckh'sche Verlagshandlung, Stuttgart

BISCHOFF, H. (1927): Biologie der Hymenopteren. Springer Verl. Berlin

BLÜTHGEN, P. (1961): Die Faltenwespen Mitteleuropas. Abh. Akad. Wiss., Berlin

ENSLIN, E. (1913): Die Blatt- und Holzwespen (Tenthrediniden) Mitteleuropas, insbesondere Deutschlands. Die Insekten Mitteleuropas III, Franckh'sche Verlagshandl., Stuttgart

FRIESE, H. (1926): Die Bienen, Wespen, Grab- und Goldwespen. Die Insekten Mitteleuropas I, Franckh'sche Verlagshandl., Stuttgart

FRISCH, K. VON (1969): Aus dem Leben der Bienen. Springer Verl., Berlin

GRZIMEK B. u. Mitarb. (1975): Grzimeks Tierleben, Bd. 2, Insekten. Kindler Verl., Zürich

HEDICKE, H. (1930): 16. Ordnung: Hautflügler, Hymenoptera. In: Die Tierwelt Mitteleuropas 5 (Insekten, 2. Teil). Quelle u. Meyer, Leipzig

KEMPER, H. u. E. DÖHRING (1967): Die sozialen Faltenwespen Mitteleuropas P. Parey Verl., Berlin u. Hamburg

KIEFFER, J. J. (1913): Die Gallwespen (Cynipiden) Mitteleuropas, insbesondere Deutschlands. Die Insekten Mitteleuropas III, Franckh'sche Verlagshandl., Stuttgart

KÖNIGSMANN, E. (1968): Ordnung Hymenoptera-Hautflügler. In: Urania Tierreich, Insekten. Urania Verl., Leipzig, Jena, Berlin

LUDWIG, A. u. J. O. HÜSING (1952): Die Honigbiene. Neue Brehmbücherei, Heft 31, Berlin-Wittenberg

MUCHE, W. H. (1967): Die Blattwespen Deutschlands. Ent. Abh. Mus. Tierkde, Dresden

OEHLKE, J. (1970): Sphecidae. Beitr. Ent. 20, Berlin

OEHLKE, J. (1975): Scolioidea. Beitr. Ent. 24, Berlin

OEHLKE, J. (1980): Hymenoptera-Hautflügler. In: Exkursionsfauna..., Bd. 2/1, Wirbellose, Insekten 1. Teil. Verl. Volk u. Wissen, Berlin

OLBERG, G. (1952): Die Sandwespen. Neue Brehmbücherei 68, Wittenberg

OLBERG, G. (1953): Bienenfeind Philanthus (Bienenwolf). Neue Brehmbücherei 94, Wittenberg

OLBERG, G. (1959): Das Verhalten der solitären Wespen Mitteleuropas (Vespidae, Pompilidae, Sphecidae). Berlin

OTTO, D. (1962): Die roten Waldameisen. Neue Brehmbücherei 293, Wittenberg

ROSS, H. u. H. HEDICKE (1927): Die Pflanzengallen Mittel- und Nordeuropas G. Fischer Verl., Jena

SCHMIEDEKNECHT, O. (1902–1936): Opuscula Ichneumonologica 1–45, Suppl. 1–25, Blankenburg i. Th.

SCHMIEDEKNECHT, O. (1914): Die Schlupfwespen (Ichneumonidae) Mitteleuropas, insbesondere Deutschlands. Die Insekten Mitteleuropas II, Franckh'sche Verlagshandl., Stuttgart

SCHMIEDEKNECHT, O. (1930): Die Hymenopteren Nord- und Mitteleuropas (2. Aufl.), Jena

SCHREMMER, F. (1962): Wespen und Hornissen. Neue Brehmbücherei 298, Wittenberg

STITZ, H. (1914): Die Ameisen (Formicidae) Mitteleuropas, insbesondere Deutschlands. Die Insekten Mitteleuropas II, Franckh'sche Verlagshandl., Stuttgart

# Register